優秀犬パーネルと問題犬クレメンタイン

ジェーン＆マイケル・スターン
平野知美［訳］

松柏社

Jane & Michael Stern

TWO PUPPIES

TWO PUPPIES

by Jane Stern and Michael Stern

優秀犬パーネルと問題犬クレメンタイン　目次

◎犬好きのあなたへの耳より情報

序文

子犬というのは不思議な魅力を持った動物である。というのも、いまから十四、五世紀前に人類が洞穴の生活を捨て、農業を始め、めざましい進歩を遂げたのも、彼らの存在に負うところが少なくないからだ。大げさとお思いだろうか？　いや、そうではない。

石器時代になって人間は四種類の動物を家畜として飼いはじめ、それらの動物のおかげでそれまでの洞穴生活に別れを告げたのである。その偉大な動物とは山羊《やぎ》、羊、狼（犬）、そして意外なことにトナカイだった。それから人間は農業を始める。恐らく女性の発案だっただろう。

考えていただきたい。生物としての営みや栄養摂取、排泄、繁殖行動などをのぞき、私たちが今日していることで、洞穴に住んでいた祖先たちと共通する行動はなんだろう。生存に必要ない行動として唯一思い浮かぶのは、飼い犬に手を伸ばし優しくなでてやる、という行動ではないか。これは人間が古来やってきたことで、きわめて自然な振る舞いなのだ。

では人間が洞穴の生活から抜け出すのに、狼（犬）はどのように貢献したのだろうか。人間は狼のおかげでほかの有益な家畜を飼うことができるようになったのだ。そしてたくさんの山羊や羊、トナカイを飼い、肉や獣皮を手に入れ、後には乳も搾《しぼ》るようになった。さらに狼の力を借りて家畜を群れ単位で飼うことで、大勢の人々に食料を供給できるようになり、その結果、都市が誕生し発展した。

しかし私が冒頭で述べた「不思議な魅力」というのはどういう意味だろう? 答えは単純である。子犬はどれも「幼形成熟《モノトナス》」なのだ。この詩的とは言い難い単語は科学用語で(科学用語というのはたいてい詩的とは言い難い。詩的な言葉は言葉を感情的に用いたもので、科学にとって感情は排除すべきものだからである)、大人《おとな》になっても子供らしい性質を維持し続ける、という意味だ。子犬は決して大人にならない。いつまでたっても柔らかい毛に包まれた子供で、子犬の愛らしさを保ち続けるのだ。

愛らしさ。では、どんな愛らしさだろう? いったい私たちは子犬のどんな愛らしさに負けて、目が覚めたときにベッドのわきに糞便がとぐろを巻いているのを見ても叱る気になれず、東洋風のじゅうたんを汚されても、ベッドルームのスリッパをぼろぼろに破かれても許してしまうのだろう? 第一に、私たちと同様に相手をまっすぐにみつめるあの瞳。あのミルク臭い息。動物を愛する人ならば魅了されずにはいられまい。くすぐってやったときにたてるあの笑い声(のようなもの)。人間の腕のなかで丸まって眠るあの姿。柔らかく暖かい手触り。お腹をなでてやると喜ぶ様子。いっしょに走り回ってゲームをするときに、かんしゃくを起こしたような小さな声を立てること。そして何より、私たちを必要としていること。犬は主人のために尽くし、いつもそばにいてくれる。人間の子供は大人になってしまうが、子犬は違う。完全には大人にならない。

そう考えると、人間が愛敬のある狼の子供たちを生け捕りにして飼いはじめたというのも不思議なことではない。さらにそのなかで一番愛敬のあるものをより長く飼っていたとしても、なんの不思議があろう。恐らく（いやきっと）お気に入りの狼同士をかけあわせてより優れた子供を誕生させたことだろう。では優秀な狼とはどんな狼だったか。飼い主の子供たちや年配の女性に噛みついたりしない狼、つまり扱いやすい狼だ。人間は常に扱いやすい家畜を求めていた。そして優秀な狼がほしいと思ったことをきっかけに、毛色や身体の大きさなど望ましい身体的特徴を備えた狼を、人間は手に入れることになる。ＤＮＡや遺伝子、染色体などについて無知だった時代から、人間は自分がいったい何をしているかまったく意識しないまま、個体を選別して交配させていたのである。

現在、世界には数百種類、おそらく八百五十種ほどの犬が生息しているが、そのほとんどは狼の子孫である（アジアや小アジアに生息する亜種でカニス・ルプス・パリペスと分類される）。そしてチワワであろうと、体重がチワワの百倍以上もあるセントバーナードであろうと、どの犬もはじめは子犬であり、同じ魅力を持っている。つまりけっして大人にはならないし、お払い箱になることもないのだ。

ジェーンとマイケルのスターン夫妻は独自の観察眼でもって人間と犬との深い結びつきを描いている。これほど洞察とユーモアに満ち、犬たちの様子を生き生きと描いた本はほかにないだろう。ページを開き、楽しんでいただきたい。それが犬たちとスターン夫妻の希望であるから。

ロジャー・Ａ・カラス

優秀犬パーネルと問題犬クレメンタイン

子犬を一匹買うということは、嘘をつかず不滅の愛情を注いでくれる生き物を買い求めることなのだ。

ラドヤード・キプリング

亡き子犬にささげる抒情詩

はじめて会ったとき、彼は若く、信頼と熱意に満ち、変わることのない自然の深みから新鮮で奥深い人生の意味を教えてくれ、いつも私を信頼し、驚きの念にあふれていた。それはまるで、彼が犬という種のなかではじめてこの世に存在したものであり、私とともにこの世の最初の日を生きているかのようだった。私は彼が確信をもって生きていることの喜びをうらやましく思ったものである。

モーリス・メーテルリンク『*Our Friend the Dog*』（一九〇四年）

はじめに

狼は神によって創造された生き物だが、犬は人間の手で作り出された。カニス・ファミリアーリス（家畜化された犬の学名）――人間の多くが愛情を注ぎ、頼りにしているペット――は、自然に手を加えたいという人間の願望が生み出した素晴らしく、そしてある意味では厄介な生き物である。

人間の最良の友人がカニス・ルプス（大陸狼の学名）から分かれて進化したのは石器時代のことだ。私たちの祖先は狼なら扱いやすい相棒になるのではないかと考えた。狼は人間よりも上手に獲物を追いかけたり追いつめたりするうえ、食事の片づけを手伝ってくれるという点でも重宝したからだ。残飯をきれいに平らげてくれるし、骨など白く輝くまでしゃぶる。狼は狼で、ホモ・サピエンスといっしょにいれば住みかに困らないし、寒さに震えることもなく、ときどき耳の後ろをなでてもらって気持ちのいい思いができると気づいたのだった。

こうして狼と人間がいっしょに暮らすようになって二万五千年。そのあいだに犬は飼い慣らされ、人間と暮らしたり、人間とともに働いたり、戦争で戦ったり、人間を喜ばしたり慰めたり、さまざまな目的にあわせて改良されていった。

人間の歴史には犬が数多く登場する。古代エジプトの時代にさかのぼれば、オシリスの息子のアヌビスがいる。死んだパラオの心臓の重さを量《はか》っていたこの神は、ジャッカルの頭を持っていた。その数千年あとに登場したノルマンディーの王ウィリアムは、イギリスを征服するさい何匹ものマスチフに囲まれて馬上で戦った。地中海文化にしても古代アジア文明にしても、墓や剣闘士の盾《たて》、紋章には犬の像が盛んに彫られている。犬に守られて神の殿堂に入るとされる北欧の英雄のように、愛犬家たちは昔から犬にこの世ならぬ崇高な仕事を与えた。天国の門の番人や三途《さんず》の川の番人、魂を天国に導く案内人である。

しかし犬をよき相棒と考える社会ばかりではない。犬を食料にしている国もある。太った子犬などはつまみのチーズパイに負けないほどの美味とされるそうだ。カルバン・シュウェイブ著『*Unmentionable Cuisine*（「口にできない料理」の意）』によると、古代ローマの美食家たちは子犬を神に捧げるご馳走としていたし、ヒポクラテスは健康によいとして犬の肉をすすめていたという。もっと最近の例を挙げれば、毛沢東が長征の際に多くの支持者を集めたのも、生姜《しょうが》とニンニクをまぶした子犬のフライをふるまっていたことが、小さいながらもひとつの理由だったという。また第二次世界大戦以前のハワイでは子犬の石焼きがご馳走とされていた。こま切れ肉を葉で包み、海辺のバーベキューさながら焼いた石の上に置いて調理する料理である。

私たち二十世紀に生きる愛犬家にとって犬は家族の一員も同然なので、犬を食べたり料理したりするなどカニバリズムと同じくらいのタブーに思える。愛犬家というのはよく太ったスプリンガー・スパニエルを見て舌なめずりをする人のことではなく、友人や助手としてのスパニエルの役割を評価している人たちのことなのだ。

品種改良によって生み出された時期はまちまちだが、どの犬種も狩猟や見張り番、犯人追跡、あるいは単に人間を楽しませるなど、何らかの役割をこなすために作り出された。現代ではほとんどの犬はペットとして飼われ、もともと期待された役目を担《にな》うことはまずないのだが、それでも愛犬家たちはその種独特の形質や才能に惹かれて犬を選んでいる。運河沿いに船を牽引させようと思ってニューファンドランドの子犬を飼う人はあまりいないが、この犬種の馬力や根気強さは捜索活動に役立てられている。またシルキー・テリアの飼い主は、この美しい犬にねずみ退治をさせて一生を終わらせようなどとは思っていない（もともとシルキー・テリアはねずみ退治用に改良された）だろうが、その機敏な動作や用心深い性質を愛しているのである。

本書は特定の目的のために改良された二匹の純血種、すなわち「人工的に」生み出された子犬に関する物語である。一匹は狩猟の助手として改良されたラブラドール・レトリバーで、もう一匹は広大な屋敷を侵入者から守るために生み出されたブルマスチフだ。現代でも狩りのお供をするラブラドールはいるし、番犬として飼われているブルマスチフもいるが、ふつうはただのペットにおさまることが多い。しかしパーネルとクレメンタインは、単なる良きペット以上の輝かしい役割を担う運命を背負っていたのだった。

ラブラドール・レトリバーのパーネルは盲導犬になるべく生まれてきた。そしてブルマスチフのクレメンタインはドッグショーで入賞することを期待されていた。本書で明らかになるとおり、パーネルは盲導犬としてすばらしい実績を残したが、クレメンタインは残念ながらブリーダーたちの期待を裏切ってしまった。それどころかとんでもない災難を私たちにもたらしてくれたのだ。

パーネルは祖先たちと同様に、優秀なＤＮＡを科学的にかけあわせた結果生まれた犬で、熟練したトレーナーチームの手によって生後間もない頃から性質を修正されてきた（こうした訓練には二万五千ドルもの費用が投じられる）。パーネルはよく訓練されたとても聡明な犬に成長した。おかげで視覚障害者は視力と自由を手に入れただけでなく、他の動物にはとても望めないような絆《きずな》をパーネルとのあいだに築くことができたのである。

一方のクレメンタインはブルマスチフの鏡ともいうべき優れた犬になることを期待されて生まれてきた。ブルマスチフの先祖はブルドッグとマスチフで、イギリスの広大な領地で働く猟場番人の相棒とするために十九世紀にかけあわされて生まれた。ブルマスチフは胸をこげ茶色の毛でおおわれた大柄な犬で、ムーア（荒野）やデール（谷）を走り回るのに適しており、警戒心は非常に強いものの狂暴ではない。二十世紀になって、ブルマスチフの役目は電子セキュリティー・システムにとって代わられた。しかし得意な仕事が時代遅れになってしまった多くの犬種と同様に、ブルマスチフもいまだにペットとして可愛がられている。ブルマスチフを愛する愛犬家たちは、もともと「猟場番人の良きお供」だったブルマスチフの資質、とりわけ粘り強いがのんきな性質を気に入っているのである。

クレメンタインは緻密な計画のもと、すばらしい資質をもった雄と雌をかけあわせて生まれた犬である。容貌からいっても性質からいってもブルマスチフの見本となるような子犬が生まれるはずだった。もしそうだったら、クレメンタインはショードッグになっていただろうし、彼女自身が今度は母親となってさらにすばらしい子犬たちを産んでいたことだろう。しかしパーネルの場合とは違って、この交配の結果は大いに期待外れだった。優秀な犬たちの子孫だというのに、クレメンタインは容貌も奇妙で、振る舞いにいたってはさらに奇怪だった。生物の誕生という神の領域に人間が踏み込むと異常な事態が起きる。クレメンタインはその実例だった。

私たちがこうしてクレメンタインのことをあけすけに語れるのも、自分の飼い犬だからである。彼女が我が家に来たのは生後六週間目だった。優等生のパーネルが盲導犬となるべく選抜されたのもちょうど生後六週間目だ。はじめからクレメンタインは優等生とはほど遠い子犬だった。本文を読めば分かっていただけると思うが、平和に暮らしていた二人の人間（私たちのこと）は発狂寸前まで追いつめられ、あやうく犬殺しの罪を犯すところまで行ったのである。

クレメンタインを育てた経験を読者の皆さんと分かち合うのはいいことだと私たちは思った。犬と人間のさまざまなふれあいやり取りについて貴重な教訓を示しているからだ（また、何らかのトラウマを乗り越えた人々と同様に、私たち自身も自らの経験を書き綴らなければ精神の均衡を保てないと思ったからでもある）。私たちが確実に学んだこと、それはどの子犬もまっさらなキャンバスなどではないし、ブリーダーや飼い主の好み通りには育ってくれない、ということだ。どの子犬にももって生まれた性格や才能、欠点、奇癖がある。人間の子供と同様に、子犬の性格も先天的なものと後天的なものがまじりあって形作られていく。まぜこぜの料理にありあわせの食材をたんまり入れるようなものだ。

パーネルとクレメンタインのエピソードに加え、本書には子犬の選び方や育て方といった情報も盛り込まれている。どこで子犬を買い求めるか、専門家はどのようにして子犬の気質を判定するのか、（そして飼い主はその方法をどのように参考にすべきか）、子犬の上手な育て方、犬にかかる医療費の統計（数字を足し合せたとき、私たちは目が飛び出るほど驚いたものだ）、著名な動物専門家たちのコメント、などだ。

本書は犬たちとの暮らしを送るなかで書き進めたものだ。はじめて親になった人々もそうだろうが、私たちも犬との暮らしがペットの飼い方マニュアルに書かれている内容とまるで違うことに驚かされたものである。犬も人間の子供と同じで、どれほど努力しようが大人の思い通りには育たない。正直にそう認めている本を探したが無駄骨だった。そんな本はない。だからこそ自分たちで書こうと思い立ったのだ。

書きはじめたときにはどんな結末が訪れるのか見当もつかなかった。果たしてハッピーエンドなのか、悲しい結末なのか。しかしこれだけは言える。数奇な運命にもてあそばれる人間は小説にだけ登場するわけではない。現実の人生も旋風《つむじかぜ》のように波乱万丈だ。映画『イブのすべて』でベティ・デイヴィスも言っているではないか。「シートベルトを締めて。荒れ模様の夜になりそうよ」

子犬の姿を借りた悪魔

私たちがはじめてクレメンタインに会ったとき、彼女はまだ生後二週間で、体の大きさは兄弟たちの半分ほどしかなかった。

チビというのは失礼な言葉だが、差別用語をなくそうという動きは犬の世界にはまだ浸透していない。コネチカット東部に住むブリーダーの家の寝室で趣味のよいじゅうたんに横たわったブルマスチフの子犬は、正直に言って小柄や小粒、コンパクト、バンタム級といった言葉のいずれにも当てはまらなかった。ほかの七匹はすでにたっぷりと脂肪を身につけているというのに、この小さな変わり種は兄弟の半分ほどの大きさしかなく、ハムスターよりも小さいほどなのだ。同腹の子犬のなかにいつもチビ犬がいるとは限らないが、今回は確かにチビが一匹混じっており、クレメンタインがそれだった。

問題は体の大きさだけではなかった。ブリーダーががっかりしたことに、こげ茶のブチが入ったこの雌犬は、顔のまんなかに太い白線が走っていたのである。胸以外のいかなる場所にも白線が入っていないことが美しさの条件とされるブリード（犬種）にとって、これは致命的な欠点だった。
「まるで小さなスカンクですね」。クレメンタインを見たとき私たちは思わず口走ってしまった。ブリーダーが微かに苦々しい表情を見せたことから察すると、こうした感想を述べたのは私たちがはじめてではないらしい。小柄で顔に白線が入っているというのはブルマスチフにとって特異な容貌なのだ。しかし皮肉にも、そもそも私たちがこの子犬に会ってみようという気になったのは、こうした好ましくない形質が子孫に遺伝する可能性があるからだった。

私たちは犬のブルマスチフ好きで、クレメンタイン以前にもこのブリードの犬を四匹飼っていた。どの犬も良きペットとして可愛いがられることだけを仕事にするよう選んだ犬だ。ソファーにじっと座っていたり、飼い主を愛《いと》しげにみつめたり、寒い夜に飼い主の足元にすり寄ったり、飼い主が朝目を覚ますまでベッドの横で辛抱強く待ったり、といった仕事をする犬である。それは楽な仕事だった。狩りの助手でもなく、身張り番でもない。視覚障害者を導く仕事でもなければ、行方不明の子供を捜索する仕事でもなく、しとめた鴨《かも》を拾ってくる仕事でもない。落ち着きと穏やかな性質、そして愛らしさ以外にこれといった技能を必要としない仕事である。

だからブリーダーから見て私たちは注文の多い客ではなかった。私たちがあらかじめ伝えておいた条件はシンプルなものだった。目の保養となるほどの美しさは備えているけれど、ブルマスチフの正式な容貌基準を完璧に満たすほどの美形ではなく、ブリーダーからせっつかれてドッグショーに出したり種犬《たねいぬ》にしたりするはめにならない——それが私たちの理想とする子犬だった。ドッグショーでチャンピオンになるような犬がほしいわけではないのだ。この点に関して私たちの考えは明確だった。だからそれまでに飼った四匹の犬も適当な時期（通常は生後六ヶ月以前）に去勢手術を施した。もうひとつこだわっていたのは子犬が十分に健康であるかという点だ。一般的に言ってさまざまな血の混じり合った雑種のほうが健康であることは承知していた。純血種は遺伝子に組み込まれたそのブリード特有の病気が代々引き継がれていくことが多く、ブルマスチフの場合、癌や骨格の病気、慢性皮膚炎などに冒されやすい。それでもこうした病気の種などひとつも持っていない健康そのものの子犬がきっと見つかると私たちは信じていたのだ。

長年飼っているうちに私たちは、完璧とは言い難い飼い犬の容貌にいとおしさを感じるようになっていった。ドッグショーで優勝するような犬はどれもブルマスチフの見本ともいうべき型にはまった美しさを備えているのだが、私たちの犬はみな個性的だった。どの犬も大柄で皮膚に皺《しわ》が寄っているところや一途《いちず》な性格はいかにもブルマスチフらしかった。しかしミネルバの頭は円錐形の紙帽子のように尖っていたし、ビューラの胴体はひょろりとした足とは不釣り合いなほどがっしりしていた。ガスの両耳はしなびた赤トウガラシのように巨大だったし、エドウィナの鼻面ときたらワニさながらの長さだった。どの犬もフランス人に言わせれば「jolies-Laides」（ちょっと崩れた美人）というところだろうか。

それで、あるときブルマスチフのブリーダーで友人のミミ・アインシュタインから連絡があり、彼女の飼っている雄犬サムの血をひく子犬が最近生まれ、その中に私たちの希望にぴったりの風変わりな容貌を持った子犬がいると聞いたとき、私たちは期待に胸を躍らせたのだった。顔に白線が入っているならば、繁殖用に利用されることはない。とはいえドッグショーに参加した優秀な犬の血をひいているのだから、がっしりとした体形のみならず性質も親の優れた要素を引き継いでいるにちがいない、と。

ミミの快活な話しぶりに期待を募《つの》らせた私たちは、コネチカット東部に住むブリーダーのもとを訪れ、生後二週間の子犬に対面したのだった。見た瞬間、このチビさんは私たちにおあつらえ向きに思えた。ハムスターを思わせる体つきは愛らしくもあったし、小柄であることや顔の白線からして、ドッグショーへの参加をすすめられることもなく、平和なカウチポテトとして飼うことができそうだったからだ。また、同じ寝床に入っている丸々太った兄弟に比べて値段も安かった。

はじめて見たときには私たちの希望を完璧に満たしているように思えたのだが、今から思うとあのとき頭の片隅でサイレンが微かに鳴っていたような気がする。しかし当時は新しい子犬がほしくてたまらなかったため、そんなサイレンなど無視してしまったのだ。あの小さな動物の何が私たちを落ち着かない気分にさせたのか、いまだにはっきりとは分からないが、振り返ってみると規格外れの容貌の陰に何か得体の知れないものがひそんでいたように思う。それからの数ヶ月で、この子犬がどれほどの変り者か、私たちは思い知ることになる。体重五キロにも満たない子犬によって、私たちは混乱とイライラの支配する生活に追いやられた。犬の飼い主としてベテランを自認していた私たちだったが、それはもはや過去のものとなってしまった。しかしあの日、愛情を注ぐ対象のかわいらしい子犬を買い求めにいったとき、私たちは自分たちの経験に自信を持っていたのだ。

くりくりした目の小さな子犬の姿を借りた悪魔を連れ帰った私たちは、それからどんな生活を送ることになったのだろう?　この動物は私たちを生き地獄につき落とし、はては人間と犬とのあいだの、お互いを求め合う奇妙な関係について、私たちが望んだ以上に教えてくれたのだった。

黒い天使

一九九五年七月。生後七週間になった黒毛のラブラドール・レトリバー、パーネルは、盲導犬の適性テストを専門とする診断士たちのテストを受けた。

診断士たちは丸々太ったパーネルを取り囲み、「表情は生き生きとし、好奇心旺盛」と用紙に記録した。パーネルは押さえつけられたり身動きを封じられたり、といった嫌なことをされてもすぐに水に流してしまうようで、診断士たちはその点も記録にとどめた。

さらに診断士たちはパーネルの鼻先で勢いよく傘を広げて驚かせ、反応を見た。リノリウムの床を思うままに駆け回っていたパーネルは足を止め、首をかしげた。興味を持ったようだ。診断士たちは広げた傘をパーネルの前に置き、傘の上に乗るのを待った。パーネルははじめのうちこそ警戒していたが、やがて好奇心が不安をしのいだのだろう、傘の上に乗った。足元で傘が揺れたので、パーネルは身を固くした。しかし尻尾は高く上げたままだし、耳もぴんと立てたままだ。そしてすぐに、このぐらぐらと不安定な、見なれぬ物体を物色しはじめたのだった。

コインを詰め込んだ缶がふいに転がってきたときには恐れをなして一瞬尻尾をまいたが、またもや好奇心を押さえ切れず、缶に近づいて匂いを嗅ぎはじめた。そして尻尾を立てて振った。怖い思いをしたことなど忘れてしまったかのように。

パーネルにとってこのテストはかなり楽しいものだったらしく、傘などで驚かされたことさえ例外ではないようだった。とくに喜んだのは、早足で部屋を歩く人のあとをついてまわることだった。診断士がタオルをひきずって歩いたりすると、嬉々としてあとを追うのである。彼はこれ以上ないほどリラックスしており、抱き上げられて――まだすっぽり手に収まる大きさだった――部屋の探検を中断せざるをえなくなっても至極ご機嫌だった。

半時間にわたってこうした観察を続けたのち、診断士たちは診断結果を出した。聡明で前向きな犬。嫌なことがあってもすぐに機嫌が直る――どれも望ましい性質だった。診断結果にはパーネルが人間にたいして強い愛情を抱いていることも指摘されていた。ただこうした執着が強すぎると、有能な盲導犬になれない場合がある。子犬というものはたいてい面倒をみてくれる飼い主や母犬にある程度服従するものだし、パーネルのように進んで人を喜ばそうとする犬を多くの人は愛らしいと感じるだろう。しかし盲導犬となるべく生まれてきたこの子犬の場合、あまりに強い依存心は致命的なハンデになる可能性があった。盲導犬は目の不自由な主人を先導するのが仕事であり、あとについて歩いていてはいけないのである。

パーネルは盲導犬になるために生まれてきた犬だった。その家系は何世代にもわたって盲導犬を輩出しており、パーネルの父親と母親から生まれた数十匹もの子供たちも成長して視覚障害者のために働いていた。私たちはみな、盲導犬が何をする犬か、知っている。しかし盲導犬の数はというと意外なほど少ないのだ。アメリカ人の視覚障害者のうち盲導犬を飼っている人は全体の二パーセント以下である。盲導犬の普及率がこれほど低いのにはいくつか理由がある。盲導犬の助けを借りればいろいろなことができるというのに、意地を張って飼わない人もいる。あれこれ考えすぎて盲導犬に頼る気になれない人もいる（こういう人は、盲導犬を飼ったとしてもその判断を信頼できないため、主従の信頼関係がなかなか築けない）。また犬を飼うことにまつわる責任を面倒に思う人もいる。しかし盲導犬と生活をともにしている人にとって、犬の存在がもたらしてくれた変化は奇跡に近いほど大きいものであり、彼らは犬とのあいだにたぐいまれな信頼関係を築いている。こうした信頼関係は他の動物とのあいだには望めないほど緊密で確固としたものだ。

パーネルは母親の胎内に宿る以前からこうした人生を歩むよう運命づけられていた。彼は、ジャージーという名のラブラドールの雌とネープルという雄とのあいだに生まれた十三匹のうちの一匹だった。一九九五年五月二十三日にこの十三匹が生まれると、ジャージーとネープルは種犬の役目を終えた。ネープルは精子の活動が弱まりつつあったし、ジャージーは子犬たちに乳を与えすぎたせいでかなり体重が落ちてしまったからだった。

ネープルとジャージーの交配は、ニューヨーク州パターソンにあるガイディング・アイズ・フォー・ザ・ブラインドの繁殖センターで行われた。ジャージーはここで出産し、その後二ヶ月間にわたって子供たちを育てた。この二ヶ月の間、スタッフはつききりでジャージーと子犬たちを観察し、メモを片手についてまわってはそれぞれの成長ぶりや行動を記録した。パーネルが生後七週間のときに適性テストを受けたのもこのセンターである。センターは国道一六四号線を眼下に望む高台の上にあり、もともとは個人の家だった。いまでもパトナム・カントリーの緑の木々に囲まれたこぎれいな建物であることには変わりはないが、拡張と改築が施され、事務所やケンネル、分娩室、診察設備、充実した繁殖実験室などが新たにつくられた。建物の入り口近くにある部屋は子犬たちが生後七ヶ月のときに適性テストを受ける場所で、壁にはラブラドール・レトリバーやゴールデン・レトリバー、ジャーマン・シェパードなどの美しい成犬を写した大判のカラーポートレイトが飾られている。どのポートレイトにも「ガイディング・アイズ・フォー・ザ・ブラインド」という表記のあとに犬の名前が記されている。「ガイディング・アイズ・フォー・ザ・ブラインド、ホランド」、「ガイディング・アイズ・フォー・ザ・ブラインド、オークリー」といった具合だ。隣にあるキッチンの壁は通称「有名犬の壁」と呼ばれ、何十匹もの有能な子犬をもうけた雌犬と雄犬の写真がいくつか飾られている。彼らの血をひく子犬の多くも種犬として活躍しているという。最近引退したある雄犬の写真には「二百七十一匹の子犬の父」というキャプションが書かれており、スタッフはこの犬のことを尊敬と心からの愛情をこめて話してくれた。「ガイディング・アイズ・フォー・ザ・ブラインド、モナ」は「三十六匹の子犬の母」だった。人のために大いに役立っているたくさんの犬の写真に囲まれていると、胸に迫る感動をおぼえる。犬の神様さながら、彼らは善意の力という光線を放っていた。

パーネルの両親を含めて、写真の犬たちはどれも年中この繁殖センターで暮らしているわけではない。ガイディング・アイズの所有する犬——雌犬が百匹と雄犬が三十八匹——はみな近所の「里親」のもとで暮らし、世話をしてもらっている。里親は犬の食費を負担し、普通の飼い犬と変わらない生活を送らせるのである。しかし診察を受けるときや交配を行うとき、あるいは出産の際などには犬をセンターに戻す。「雌犬にとってセンターは産院のようなもので、妊婦と同様に予定日間際《まぎわ》にやってくるだけです」とプログラムの責任者ジェーン・ラッセンバーガーは言う。彼女はさっそうとした容貌の三十代の女性で、遺伝学に関する知識を豊富に備え、聖書の一説を叫ぶ熱血宣教師さながら、犬に関する遺伝的データをまくしたてることができた。

たとえ正確に覚えていないことがあっても、センターには細かく分類されたデータを保管する棚があって、ラッセンバーガーもスタッフも犬の健康状態や性質、交配をする場合の適切な組み合わせなど、あらゆる事柄を検索することができた。「雄犬の場合、午後に来てもらって速やかに交尾を済ませます。交配を複数行うときは三、四日泊まらせます」とラッセンバーガーは説明する。ときどき雄犬をセンターに呼びだし、精子バンクに精子を保管することもあるそうだ。

ガイディング・アイズの繁殖センターの目的は、盲導犬として望ましい性質を持った健康な犬を増やすことだ。子犬が誕生すると、心身の成長に関して細かくデータが取られ、保管される。データはその犬の両親や祖先のデータとも比較され、その血統や両親の組み合わせが望ましいものだったかどうかが検証される。「交配によって作り出すのが最も難しい性質は『自信』です」とラッセンバーガーは言う。「自信というのは非常に複雑な性質だからです。物音を怖がる性質というのは、他の犬を怖がる性質とは別個に遺伝するんですよ。たいていの性格は育成過程で修正できますが、生まれながらの怖がりはどんなトレーニングをしても直りません」

このように盲導犬にとって性格は重要な要素だが、健康であることも肝心だ。そのため遺伝的データを活用して骨格や視力、心臓といった重要な器官の機能がチェックされる。新陳代謝を統制する甲状腺にかんしては、複数の世代にわたってデータをたどることが特に重要とされる。というのも、甲状腺の働きが活発すぎたり逆に鈍かったりして（その結果、皮膚炎や肥満といったさまざまな異常があらわれる）も、その犬が成犬になるまでわからない場合があるからだ。

健康とはいえ、盲導犬のすべてがアメリカン・ケンネル・クラブの定める身体基準を満たし、ドッグショーで賞を取れるとは限らない。それにどのみち彼らにとって見かけの美しさは重要ではない。彼らは視覚障害者に仕える犬であり、主人に姿を愛《め》でてもらうことはできないのだから。重要なのは能力だ。だから、パーネルには前臼歯《きゅうし》が四本なかったし、ひとみの色は明るいシナモン色で、顔もやや幅広だった――ドッグショーの選考で減点対象になる「欠点」――が、盲導犬になるには何の足かせにもならなかった。それよりずっと重要だったのは、エックス線撮影の結果、臀部は頑丈で形成異常もなく、心臓や皮膚なども申し分ない状態だと分かったことだった。生殖器官にも問題はないと診断された。大人になって性質や身体機能が優れていると判断され、盲導犬よりも交配用の種犬にすべきだとなった場合、この点は重要な判断材料となる。

生後七週間の適性テストで、パーネルはかなり高い評価を受けた。優生学によって生み出すことのできる完璧な犬に近かった。しかし、人類に貢献する、という運命が成就するまでには、まだまだ長い道程が待っていた。

愛《いと》しの子犬を夢見て

はじめてクレメンタインに会ったときの私たちは、子犬を飼いたいという願望があまりに強く、物事を冷静に考えることができなかったし、ペット候補を客観的に評価できるような状態でもなかった。私たちはすでに一年も前から、どこかの雌犬が出産しないかと待ちわび、その子供の親代わりになる機会を首を長くして待っていたのだった。いつになったら子犬が飼えるのか、その日が待ちきれないほどだった。柔らかい毛にさわり、ミルク臭い息を嗅ぎ、丸々としたお腹を包むつややかな皮膚を眺め、生まれたばかりでまだ豆などひとつもない足の裏を愛撫する、その日が――。子犬に対する私たちの愛情は、人間の赤ちゃんを溺愛する人たちの気持ちと同じだった。

そして我が家の状況からしても、子犬を飼うべきタイミングが訪れていた。私たちはいつもブルマスチフをペアで飼っていた。若い犬と老犬、硬い赤茶色の毛に覆われた犬とこげ茶色のブチが入った犬、という具合に。二匹がいっしょにいると、容貌が対照的で面白いのだ。ときどき普通のキャラメルの袋にチョコレート味のキャラメルが紛れ込んでいることがあるが、二匹の犬はまさに普通のキャラメルとチョコレート味のキャラメルが並んでいるような感じだった。また年長の犬はしつけの行き届いた室内犬らしくじっと横たわり、お行儀よくしているのだが、若い方の犬は顎をひき、ふざけてそこらじゅうをはねまわる。そんな両者のやり取りも見ていてたのしかった。私たちはいつも、年長の犬が巧みに後輩を教育し、良きペットとして何をすべきか、何をしてはいけないかを教えるその手際のよさに感心したものだった。実際そのおかげでしつけの責任からずいぶんと解放されたものである。

赤茶色のブルマスチフはミネルバといい、ガスという名のブチの雄といっしょに飼っていたのだが、そのガスは十歳のときに突然心臓発作で死んでしまった。それから数年間、我が家の飼い犬はミネルバだけだった。ミネルバにとってそれは申し分ない環境だったが、私たちにとっては違った。ミネルバが老いていくにつれ、犬のいない暮らしが遠くない将来訪れるのだと私たちは気づいたのだ。それは受け入れがたい状況だった。ブルマスチフの寿命は長くて十年。ミネルバはすでに六歳半だった。ぐずぐずしていたら、ミネルバは自分の生活に子犬を迎え入れるというストレスに耐えられない年齢になってしまうだろう。

ところで私たちがこんなに子犬好きなのは、ミミ・アインシュタインと長年付き合っているせいかもしれない。前作『*Dog Eat Dog*』でも紹介したが、彼女は犬のブリーダーであり、ドッグショーの常連だ。ちなみに『*Dog Eat Dog*』はドッグショーの舞台裏を紹介した本で、そこに渦巻く駆け引きやゴシップ、むき出しのエゴのぶつかり合いを描いている。ドッグショーに絡む人間模様もさることながら、執筆中に私たちが心を奪われたのは、ミミの飼っている美しい雄犬サムだった。私たちはサムに深く感銘を受け、あのような犬の見本ともいうべきすばらしい犬を飼えたらどんなだろう、と空想しながら夜更《よふ》かしすることさえあった。八十五センチもある首回りといい、七十キロ近い体重といい、自信と力強さに満ちた表情といい、サムは犬のなかの犬だった。はじめて会った四歳の子供に耳を引っ張られても、不愉快だろうに我慢強く座っているし、こわもての男たちも、サムがキングコングなみの顔を振り向けただけで、くるりときびすを返して逃げ去ってしまうのだった。サムは大きく、性質は穏やかで思いやりがあり、私たちなどは毎日五十分ほどいっしょにソファーに寝そべって愚痴を聞いてもらいたいと思うほどだった。サムといっしょにいると心が安らいだのだ。

そういうわけで、感謝祭のころにミミから電話があり、サムを父親とする子犬たちが近々生まれるという知らせを聞いて、私たちは狂喜した。父親はサム、母親もミミが育てたマキシンという名の犬だった。マキシンは当時コネチカット州ストニントンに住むバーガス夫妻に飼われており、生まれてくる子犬たちもここで育てられる予定だった。マキシンも上等な血統の犬である以上、優れたDNAをもっているはずだった。私たちがミミといっしょにドッグショーを見学して出会った、美しく穏やかなブルマスチフやサムと同じようなDNAを。

そして十二月の凍えるようなある日、私たちはハイウェイを飛ばしてストニントンに向かい、バーガス家のドアをノックしたのだった。家の中は暖かく、心地好い雰囲気に満ちていた。愛らしい顔つきの丸まると太った子犬たちがソファーやベッドの上ですやすやと眠っている。香ばしいポプリと暖かいアップルサイダーの香りが漂い、犬の匂いや糞便で汚れた毛布類の匂いなどはまったくしない。正しい場所にきた、と私たちは思った。こうした清潔で適切な環境のなかでこそ、優秀な犬が育つのだ、と。どの子犬も満ち足りた表情をしており、栄養状態もよさそうだった。ペットショップで狭苦しい檻《おり》に入れられた子犬を見るとやり切れない思いや悲しみがこみあげてくるが、そうした気持ちはこれっぽっちも感じなかった。またバーガス夫妻とは、『*Dog Eat Dog*』を執筆するための取材中にすでに知り合っており、夫妻が愛犬家のあいだで尊敬を集める存在であることも知っていた。私たちの目にも、夫妻は何事であろうと完璧にこなす人たちに映った。

掃除の行き届いた家のなかを見渡しながら、私たちは自分たちの選択が正しかったことを確信してほくそえんだ。子犬の買い求め方の模範例ではないか。商店街のペットショップで純血種を衝動買いしたり、『ペニーセイバー』の広告に載っていたバーゲン対象の子犬を買ったりする世間知らずの素人とは違い、私たちはよくよく下調べをしたのである。だからこの買物で後悔することなどありえないと高をくくっていた。ブルマスチフという犬種については熟知しているし、ブリーダーであるバーガス夫妻のこともよく知っている。そして子犬はあのサムの子供なのだ。世界で一番立派な犬、サムの。

救いようのない愚か者がよく言うように、私たちも「後悔なんてするはずない」と思っていたのだった。

完璧な犬はどこでつくられるのか

ニューヨーク州パターソンにあるガイディング・アイズ・フォー・ザ・ブラインドの繁殖センターは敷地のほとんどがケンネルで占められており、母犬はそこで子犬たちを育てている。よくあるような、セメントの床とチェーン付きのフェンスを備えた犬舎を想像してもらえればいいが、内部は病院並みに清潔に保たれている。ケンネルに入る前に、訪問者は消毒液を一インチほどはった容器に足をつけ、靴底を消毒しなくてはならない。壁には大きな注意書きがはってあり、「重要！ 犬に触ったあとは、必ず手を洗ってから別の犬に触ること」と書かれている。犬の手形のイラストが印刷された注意書きだ。大勢の犬が暮らし、子犬などはそこらじゅうにおしっこをしてしまうだろうに、ケンネルには快適なホテルのような香りが漂っている。床は一日に何度も水洗いされるし、新聞も新しいものが敷かれ、毛布はたえず交換される。それぞれのケージには母犬とその子供たち——ふつう六匹から八匹——が入れられている。パーネルのように際立って大柄な子犬の場合は産みの母親から離され、乳首のあまっているべつの母犬のケージに移される。

子犬は生後七週間まで母親といっしょにのんびり暮らし、ミルクを飲んでひたすら大きくなるだけなのだが、そのあとは一匹ずつケンネルから出されて、木の壁に囲まれた大きな部屋に入れられ、適性テストを受ける。生後七週間というのは子犬の生まれ持った性質を評価するのに一番適した時期なのだ。この時期なら、子犬たちはまだ外の世界について何も知らないし、トレーニングも受けていない。真っ白なキャンバスなのである。母親のミルクを飲み、生きていくのに必要な基本的本能を備えているだけの状態だ。七週間より以前だと、子犬に潜在的な性格があっても、それがどんなものか判断するのは難しい。逆に七週間よりあとになってしまうと、子犬は環境の影響を受けてしまい、生来の気質と後天的な習性とを区別することが困難になってしまう。このテストは自信、物音に対する反応、元気の良さ、適性、といった生まれながらの資質を測るものなのである。

どの子犬も優れた遺伝子が引き継がれるよう徹底したプランのもとに生まれてきたはずなのだが、それでも七匹のうち一匹はこのテストで不合格の判定を受け、プログラムから脱落する。しかしこうした不合格組も飼い主は簡単にみつかる。テストには落ちたものの、ほとんどの犬は良きペットになるための資質を十二分に備えているからだ。繁殖センターには、不合格組を引き取りたいという希望者のリストが保管されている。たしかにペットにしない手はないだろう。非の打ち所のない家系に連なる犬なのだし、性質も申し分ない。ただ耳がやや遠かったり、新しい状況に遭遇したとき冷静に対処せずにそれを無視したり、逆に興奮してしまう傾向があるといった、盲導犬には向かないちょっとした欠点があるにすぎないのだ。

不合格の原因として最も多いのは「受動的な性質」である。恐ろしげな傘が突然開いたり、缶がうるさい音をたてて転がってきたりしたときに、どうしたらいいか分からず人の顔をうかがうような犬だ。ただのペットであれば、こうした反応を示す犬でも問題はない。従順で忠実なペットというのはいいものだ。また「受動的な性質」も、警察の仕事や軍隊の仕事に関わる犬の場合は望ましい資質となる。主人のリーダーシップに服し、命令に素直に従うことが求められるからだ。しかしこうした性質は盲導犬の仕事にはまるで適さず、克服しがたい欠陥となる。盲導犬は受動的であってはならない。自発的でなくてはならないのだ。したがって生後七週間目の適性テストで粘り強さを発揮し、障害物にも動じず、人間に可愛がられたり認められたりすることを過度に期待しない犬は、優秀な盲導犬候補として引き続きプログラムに残ることとなる。ラッセンバーガーは、合格組と不合格組の違いを会社を経営する人間と会社に勤める人間との違いにたとえた。

「盲導犬は自信をもって飼い主を誘導できる犬でなければならないのです」

合格組はその後アメリカ北東部に散らばるボランティアの里親に引き取られ、成犬になるまでそこで育てられる。子犬の里親というのはなかなか務まる役割ではない。一年半ものあいだ子犬のために時間とエネルギーを注ぐだけでなく、並外れた寛大さを求められる仕事なのだ。なぜかと言えば、家族の一員として子犬を育て、心からの愛情を注ぎ、いっしょに遊んであげたあげくに、期間が過ぎたらガイディング・アイズに返さなくてはならないからである。犬はそこでプロのトレーナーから盲導犬になるための訓練を受け、それが終了すると盲導犬を必要としている視覚障害者のもとに送られる。

パーネルは生後七週間目の適性テストで満点を取ったわけではなかった――やや受動的な傾

向が見られ、診断士がタオルを引きずって歩くのをやめるとクンクンぐずったりした――が、きわめて好奇心が強いという判定を受けた。またコインをつめた缶や傘をはじめは怖がったものの、すぐに恐怖心を克服するほどの自信も備えていた。また各テストのあいだにも、椅子のまわりや部屋の隅、壁の割れ目などあちこちを嬉しそうにかぎまわっていた。自信にあふれ、独立心が旺盛な証拠である。

パーネルは引き続きトレーニングを受けることになったが、去勢手術は受けなかった。この段階ではどの盲導犬候補も去勢手術は受けない。生後七週間目の適性テストに合格した子犬たちは里親のもとに預けられ、一年半にわたって繁殖センターのスタッフから詳細に観察される。こうした実に優秀な犬たち――すこぶる健康で、性格も申し分なく、血筋も非の打ち所がない――のほんの一握りは、盲導犬にはならずに繁殖用の雄や雌として選抜される。そのため適性テストの合格組はすぐには去勢手術を受けないのだ。

繁殖用の犬にとって血筋はとても重要な要素である。繁殖センターには犬の記録が何世代にもわたって保管されていて、雄と雌を交配させる際にはそれぞれの犬の資質を検討するだけでなく、親兄弟の記録までがひっぱりだされて比較される。したがってすばらしい資質をもった犬でも、親や祖父母がそろって凡庸であれば、優れた資質を子孫に残すことはまずないと判断されるのだ。

種つけ用の雄として選別され、盲導犬にならないことが決まった犬も、引き続き最後までトレーニングを受け、過酷な訓練をいかにして乗り越えていくかが観察される（それによって、その犬の子孫がどれほどうまく訓練に適応できるかが予想できるのだ）。しかしその後、他の犬たちが去勢手術を受け、訓練を終えて視覚障害者のもとに送られるのにたいし、種つけ用の雄や雌はニューヨーク州パターソン在住の人々に預けられる。繁殖センターは犬たちの健康状態や暮らしぶりをモニターし、年に四回健康診断を行い、その折には雄の精子の検査も行う。里親は週に一度犬の耳掃除をして爪を切るのに加え、毎日最低でも三マイルの距離を散歩させることになっている。

ある雄の子供、そしてそのまた子供が一流の盲導犬となる資質を備えているかどうかを判断するには数世代にもわたって観察を続けねばならず、数年という時間を要するので、種つけ用の雄はみな一歳半頃から精子を精子バンクに貯蔵しはじめる。そのため、雄の精子がそのうち活力を失っても、優れた子孫を生み出す遺伝子は精子バンクに常備されていて、いつでも利用できるのだ。ガイディング・アイズには低温状態の立派な施設があって、精子が液体窒素のなかで冷凍保存されている。記録的な暑さの続いた一九九五年以降、この設備は必須のものとなった。ジェーン・ラッセンバーガーは一九九五年の夏をこんなふうに振り返っている。「かわいそうに、雄の犬たちは暑さにへばっていました。精子も尻尾の部分が頭にくっついてしまって泳げない状態で。私たちは精子を残らず検査して、まだ動けるものをみつけなければなりませんでした。つまり自然な交配はできなかったのです。あのときは必要に迫られて人工受精を行いました。でもやはり新鮮な精子が一番ですね」

風変わりなチビ犬

生まれたばかりのブルマスチフを見る前に、私たちはブリーダーであるデビー・バーガスといっしょにソファーに腰かけ、すらりとした美しいグラスで飲み物をいただいた。デビーにはあらかじめミミを通じ、ドッグショーに出すために子犬を飼うわけではない旨《むね》を伝えていた。人に見せびらかしたり種犬とするためではなく、愛情を注ぎ、いっしょに楽しく暮らすペットがほしいだけなのだ。かわいらしいブチの雌がいいと思っていた。しかし八匹いる子犬のうちブチ模様があるのは二匹だけで、一匹は雄、もう一匹は雌だった。「ミミからお聞きになったかしら？ 雌のブチは顔に白い線が入っているのだけれど」と、デビーは少々心配そうにたずねた。

私たちは、白い線のことは聞いているし、まったく気にしていない、と答えた。むしろチャームポイントかもしれないとさえ思っていたのだ。私たちはその雌犬の容貌についてさらに詳しくたずねた。

「おチビちゃんなんですよ」。デビーはいとおしげに答えた。「でも私にとっては特別に可愛い子なんです。ちゃんとミルクもあげてますし、世話もしていています。ほかの子犬たちは大柄で押しが強いものですから、私はあの子のことがいつも心配で」。私たちはデビーの優しさに胸を打たれた。

はやく子犬を見たいという私たちの気持ちを察したのだろう、デビーは私たちをつれて洒落《しゃれ》たモダンな室内を通り抜け、明るい色の床板を踏み、木枠をほどこした窓辺をすり抜けて予備のベッドルームへと向かった。この部屋は豪華なじゅうたんが敷いてあるというのに、子犬たちの部屋として使われていた。家具を引き払ってできたスペースを木製のフェンスで囲み、そこが子犬たちの寝床になっている。寝床には新聞紙が敷かれ、おもちゃが置かれていて、ミルクを飲んだり昼寝をしたりしているとき以外はそれで遊べるように配慮されている。フェンスの上にはヒーターが設置されており、新聞紙のあいだには清潔なタオルが何枚か用意されていて、子犬たちが寄り添って眠れるようになっていた。

例の雌犬がどれかはすぐに分かった。身体の大きさはほかの子犬たちの半分ほどしかない。またほかの七匹は重なり合うようにして眠っているというのに、一匹だけぽつんと隅のほうで横になっている。その様子を見て私たちは高校の学食の光景を思い浮かべた。人気者たちが集まって、冴《さ》えない服装のガリ勉を仲間はずれにしている光景だ。

「私の可愛いベビーです」。デビーはそう言って、小さな子犬をすくいあげた。「ご承知だと思うけど、生後間もないうちは、将来どんな犬に成長するか、まだはっきり分からないでしょ?」ミミからもその日の朝電話があって、まったく同じことを言われた。「日ごとに驚くほど変わっていきますもの。この子だってどんなふうになるか分かりませんよ」

デビーは子犬をフェンスの外に下ろし、ほかの子犬たちも抱き上げてそばに置いた。まだちゃんと歩くことができず、一足ごとによろめくような状態だったが、大柄な子犬たちは元気よく遊びはじめた。皺の寄った足でお互いに踏みつけあい、楽しげに鼻でつつきあい、まだ吠えるほどの体力がないため小さな声を上げて。ところが例のチビさんは、兄弟たちがはしゃいでいるのを尻目にひとりぽつんと立ち、ぐらぐらする足をふんばって一ヶ所にとどまっていた。デビーが声をかけて励ましてやると動きはじめたが、小さな円を描いて歩くだけで、まるで左の前足が釘で床に固定されているかのようだった。

「変わってますね」と私たちは感想を述べた。

「そうですね、ほかの子たちとは一風違います」とデビーが答えるの聞きながら、私たちは子犬がひとりで意味もない輪を描いて歩くのを見守った。オリヴァー・サックス（イギリス生まれの脳神経科医。著書に『レナードの朝』『妻を帽子とまちがえた男』など）のケーススタディーに登場する人物のように不可解な行動だった。

私たちは子犬の進路を遮《さえぎ》って抱き上げた。見知らぬ人の手に抱えられても子犬は満足げで、歯のない口で私たちの手をくわえ、指先をなめた。ピンク色の小さな舌先が触れたとき、舌の表面に際立った隆起があるのが感じられた。

「そのうち白い線も薄くなるんじゃないかしら」とデビーは言い、小さなハムスターのような顔つきの、目をかたく閉じた子犬を不安げにみつめた。「それどころか完全に消えるかもしれないとミミは言っていましたよ」。私たちは失礼にあたらぬよううなずいたが、そんなことが現実に起きるとは思えなかった。白い線は子犬の顔の三分の一を占めており、アスファルトのハイウェイに敷かれたばかりの白線のように鮮やかだったからだ。

帰路につく前に、私たちはデビーと話をし、子犬は気に入ったが、数週間後にまた様子を見に来てどんなふうに成長しているかを確認したいと告げた。本当のことを言って、私たちは何だか不安だった。耳に聞こえないサイレンが静かに警戒を呼びかけていたのだ……。しかし何を警戒すればいいのかは分からなかった。子犬は美しくはないが愛らしかったし、私たちの手に抱かれて嬉しそうだった。これはいいサインである。しかしこの子犬にはどこか奇妙なところがあった。でもそれは言葉にできないほど漠然とした印象だったので、私たち二人はそれについて相談しあうこともできなかった。それが何なのかは分からないが、数週間もすればはっきりと認識できるほどの特徴になっているだろうし、逆にまったく消えてなくなっているかもしれない。私たちはそう考えた。

しかし休暇が入ったことやニューイングランド地方を数十年ぶりに寒波が襲って激しいみぞれ模様が続いたこともあり、ストニントンにはなかなか行けなかった。私たちはカレンダーをめくりながら、もう一度子犬の様子を見に行く約束を先延ばしにしていた。私たちは腰の重いタイプではないし、子犬を飼いたいという気持ちに嘘はなかった。だが、あの子犬がどんなふうに成長しているか、それを目の当たりにするのを恐れていたのかもしれない。

一月も終わろうというある日のことだった。その日はひょうが窓をたたき、風が古木の太い枝をなぎ倒すような、ひどい荒れ模様の天気だった。この日、ミミから緊急の電話が入ったのである。「デビーが困ってるそうなのよ」とミミは言った。「白線の入ったチビさんが兄弟たちからいじめられて大変らしいわ。スウィーピーっていう一番からだの大きい子犬がね、チビさんを威嚇してるそうなの。ひどい叫び声を上げるものだから、一日に十回もチビさんをフェンスの外に避難させてるそうよ」

ミミから話を聞いたあと、私たちはデビーに電話をかけ、事実を確かめた。チビさんはたしかに悲惨な目にあっているようだ。子犬がまだ生後六週間であることを考えると、どうすればいいか心底迷った。ふつう、子犬は短くても生後八週間までは兄弟といっしょに生活する。わずか二週間の差ではあるが、子犬の成長にとっては重大な違いなのだ。生後六週間の段階では、母親のミルクを飲んだり基本的なしつけを受けたりするのと同様に、犬同士のふれあいがとても重要となる。しかし例の子犬の場合、そうしたふれあいが味わえる環境ではなかった。兄弟たちからはいじめられ、母親からは無視されていた。地獄のような環境である。ミミもデビーも、この子犬を家族から離し、優しい主人をみつけてやって、絶え間ないいじめから解放してやるしか道はないと考えていた。

「うちで引き取ります」。私たちは一瞬のためらいもなく、声を合わせて答えた。それはちょうど、悪臭を放つ浮浪者のために空缶に小銭を入れてやったり、テレビのチャリティーショーでジェリー・ルイスが協力を呼びかけるのに応えて募金をするのと同じような反射的な判断だった。あの子犬がほしいかどうかは別として、そうするべきだと思ったのだ。受話器を置いたとき、私たちは満ち足りた、暖かい気持ちに包まれていた。自分たちは責任感にあふれたよい飼い主であるばかりでなく、なんと心優しく慈悲深い人間だろう、と。有頂天だった。得意になるあまり、お互いにキスの雨を降らせたほどだ。

私たちは激しいみぞれの降りしきるなか、ストニントンに車を走らせた。車のなかには子犬用のおもちゃや肌触りのよいキルトをつみ、子犬を包み込む柔らかいタオルも用意した。

子犬用の部屋に入ると、白縞《しろじま》の子犬だけフェンスの外にいた。所在なげにぽつんと立ち、壁をみつめている。そして私たちが入ってきたことに気づくと、キャビネットの後ろに隠れてしまった。顔は隠れていたが、お尻は私たちのほうに向けられていた。

子犬を救おうという殊勝な気持ちでやってきた私たちだったが、この反応を見てまたしても不安が頭をもたげた。子犬選びには経験があるので、部屋の隅に隠れるという行動が悪いサインであることを私たちはよくよく認識していた。子犬というものは好奇心が強く、人なつっこくなくてはならない。あまりに恥ずかしがり屋だったり臆病だったりする子犬は、成長してからも怖がってよく人に噛みついたりする。非常によくない兆候だった。さらに前に見たときと比べて、容貌がいっそう奇妙になっていた。私たちはほかの子犬たちに視線を走らせた。皺の寄った幅の広い顔といい、頑固そうな表情といい、厚い胸板といい、太い足といい、どこから見てもブルマスチフである。あと一年待って、そのあいだに完璧なブルマスチフをじっくり探し回ったとしたら、それでもこのハムスターのような、顔に白線の入った臆病な子犬を選ぶだろうか。

しかし約束は約束だった。私たちはデビーに小切手を渡し、コーヒーをすすめられたのを断って帰路についた。毛布に子犬を包み、ひょうが降りしきるなか、車を走らせた。ふつうなら二時間ですむところだったが、悪天候のため五時間もかかってしまった。しかし家に着いたときには、私たちはもうこの子犬にすっかり愛着を感じてしまっていた。美しくはないが、とてもとてもおりこうさんだったからだ。兄弟からのいじめに疲れ果てていたのだろう、子犬はジェーンの膝の上でスヤスヤと熟睡していた。家に到着するまでずっと、静かに、安らかに眠っていたのだ。

そして、眠りから覚めた。

パーネルの幼年時代

生後八週間で体重もまだ四キロに満たないころ、パーネルは母親と兄弟のもとから離され、ニュージャージーに住むフィッシャーオウンズ夫妻に引き取られた。夫妻はともに学生で、パーネルを成犬にまで育てることになっていた。フィッシャーオウンズ夫妻に引き取られたとは、パーネルも幸運な犬である。というのも妻のスーザンは十一匹の盲導犬を育て上げた経験を持つベテランの里親だったからだ。はじめて犬を預かったとき、彼女はまだ十歳だったという。

盲導犬を育てるというのは手のかかる苦労の多い仕事であり、ふつうは責任感の強い十代の子供が里親となって、それを両親がサポートし、4Hクラブ（農村青少年を主とする組織）などの組織が支援する（おもしろいことに、子供のいない夫婦よりも子供のほうが盲導犬をうまく育て上げるのである）。十歳という年齢は幼すぎてふつうは里親としては認められないのだが、スーザンは極めて集中力の高い少女であり、盲導犬を育て訓練したいという熱意があまりに強くて先延ばしにできないほどだったのだ。「はじめて盲導犬を預かったとき、私はロサンゼルスに住んでいて、サッカーチームに入っていました。そのチームのコーチだった女性が盲導犬の訓練士だったのです」とスーザンは説明する。「私は盲導犬に関する本を片っ端から読み漁りました。モーリス・フランクの自伝『*First Lady of the Seeing Eye*』にはとくに感銘を受けました」(『*First Lady of the Seeing Eye*』は一九五七年出版。雌のジャーマン・シェパード、バディーとの人生を回想した作品。バディーはフランクが一九二〇年代にスイスから連れ帰った犬で、アメリカ初の盲導犬となった。バディーのおかげで人生を大きく変えられたフランクは、ニュージャージーのモリソンにザ・シーイング・アイを設立し、盲導犬の訓練・育成の場とした。二五五ページ参照)。幼いスーザンはフランクの自伝と盲導犬の訓練士だったサッカーチームのコーチの両方から影響を受けたのだった。彼女は両親にねだり、サンラファエルにあるガイド・ドッグズ・フォー・ザ・ブラインドという組織から子犬を引き取って育てたいとねばった。

「両親は反対でした。『冗談じゃない』って」とスーザンは言う。

しかしスーザンは諦めなかった。「調べさせてちょうだい。ともかく調べるだけ」。スーザンはその時の作戦についてこう語る。「子供にとって調べものが大切だってことはどの親も認めるでしょう?」「調べもの」の一環として、スーザンはガイド・ドッグズ・フォー・ザ・ブラインドに連絡をとり、子犬の里親希望者のリストに自分の名前を載せてもらった。順番が回ってくる頃には自分も十二歳にはなっているはずだと説明したという。里親としての責任を負える年齢だ。ところが実際には、すぐに順番が回ってきた。「両親も観念したようです」とスーザンはいたずらっぽい声で当時を振り返る。「そしてガイド・ドッグズ・フォー・ザ・ブラインドのスタッフも、両親のサポートつき、という条件で私を里親にしてくれました。一九七九年の九月十八日のことです。我が家に、黒いラブラドール・レトリバーが来ました。フローリンという名の雌でした」

フローリンは優れた盲導犬に要求される資質を備えていた。舌を巻くほどの粘り強さもそのひとつだったが、その粘り強さはもっぱら「バターを食べる」という奇癖において発揮されたのだった。キッチンの片隅からバターを盗むのである。スーザンや母親がそれを止めさせようとしてバターのなかにタバスコを仕掛けておいても、表面のバターだけをきれいになめて、辛いタバスコにはまったく触れないのである。また実に素早くバターを盗んでいくため、スーザンが水鉄砲を持ってキッチンの片隅に隠れていても、水を命中できた試しはなかった。さらにバターとマーガリンもすぐに区別するようになり、スーザンや母親がおとりとしてマーガリンを使っても、まったく興味を示さなかったという。

「後から振り返ってみると、フローリンは一番手のかかる子でしたね。他の子たちよりもいろいろと問題を起こしましたから」。しかしガイド・ドッグズ・フォー・ザ・ブラインドのスタッフは、幼いスーザンがフローリンの頑固さについて報告したレポートを読んでほくそえんだ。フローリンが生まれながらのリーダーであることを示していたからだ。そしてその通り、一年半の歳月が過ぎ、スーザンのもとを離れて盲導犬としての訓練を受けるようになったフローリンはめきめきと頭角をあらわしたのである。

しかしスーザンは悲しみに沈んでいた。「フローリンと別れる日、涙が止まりませんでした。それからもフローリンのことが恋しくて、あの子の名を口にしたり、あの子のおもちゃを見たりするのも耐えられないくらいでした。何より辛かったのは、フローリンと別れたまさにその日、新しい子犬がうちに来たのです。パーキーという名でした。里親のもとに来るとき、犬にはすでに名前がついているんです。私はこの子犬が大嫌いでした。いいえ、嫌いというのではないんです。見るのが辛かったんです。手放したばかりのフローリンを思い出してしまうから。あのとき私は心に決めました。パーキーの里親の役目が終わったら、もう二度と子犬は預からないって。これで最後、もう二度と預からない。一年半ものあいだ手塩にかけて育てた犬と別れなくてはならないんです。辛いなんてものじゃありませんよ」

「ところが訓練を終えたフローリンの卒業式に出席したとき、私の気持ちは変わりました。卒業式で、フローリンは新しい飼い主に引き渡されました。目の見えないその女性はぎこちない足取りで、一歩一歩確かめながら演壇に上がりました。ところがその彼女が、フローリンのハーネス（引き具）を手にしたとたん、さっそうと背筋を伸ばしたのです。そして微笑みました。それから足を踏み出し、誇らしげに、自信をもって歩きはじめたのです。私の育てた犬が、頑固で手に負えなかったあのフローリンが、自分を心から必要としている人のためにあれほど変われるなんて。私にとってもフローリンは大切な存在でした。でもあのとき思いました。フローリンは、私よりも他の誰かのためにこれほど役に立てるんだって。このときの印象がずっと私の心に残っているんです。結局、母と私はカリフォルニアで子犬を十四も育てたんですよ」

結婚し、夫のダンが博士号を取るということでいっしょにシカゴに移ってからも、スーザンは夫とともに子犬を預かり育てた。その子犬はイーウェルという名で、ケイナイン・コンパニオンズ・フォー・インデペンデンスという組織から送られた犬だった。ケイナイン・コンパニオンズ・フォー・インデペンデンスは視覚障害に加えてさまざまな身体障害を負った人々のために犬を訓練している組織だ（二六一ページ参照）。基本的な訓練を施し、人に馴れさせることのほかに、ダンとスーザンは物を拾って主人の足元や膝の上に置くことを犬に教えた。また命令に応じて物を引っ張ったり、自分でドアを開けることのできない主人のためにドアを開けたり、主人の膝の上に乗ってじっとしていること（この技能は、主人が車椅子に乗っている場合に役に立つ）も教えた。

イーウェルが訓練を終えて主人のもとに送られると、フィッシャーオウンズ夫妻はニュージャージーに引っ越し、一九九五年の七月からパーネルを預かった。この年の夏は記録的な猛暑だった。パーネルと暮らしはじめて数日がたち、子犬の里親として最初のしつけ――排泄訓練――をはじめてまもなく、夫妻はパーネルが盲導犬に向いていないことを確信したという。外でしてほしいのに、パーネルは好んで家の床に排泄したのである。夫妻は不思議に思った。パーネルは外が怖いのだろうか。あるいは排泄は外でするという基本的なルールも分からないほど頭が悪いのか、と。ともかく夫妻は次第に不安を募らせていった。なんとか外に連れ出しても、パーネルは尻込みして先に進もうとせず、車寄せのところに座り込んでしまい、すきを見つけるや家のなかに駆け込んでしまうのである。普通の子犬と違って、外で遊ぶこともなければ、近所を探検することもなかった。

夫妻は困り果ててしまった。このあまりに基本的な問題を解決するために、彼らはマシューの力を借りることにした。マシューは茶色のラブラドール・レトリバーで、カリフォルニアにいたときスーザンが預かっていた犬だ。その後は盲導犬になったが、十歳になる当時は引退して再びスーザンに飼われていた。マシューの人生は輝かしい栄誉に彩られていた。ロビー活動を行っていた目の不自由な飼い主といっしょにワシントンDCへ行き、身障者福祉法の調印式に出席したこともあるのだ。その飼い主が他界したため、マシューはスーザンのもとに引き取られ、のんびりと余生を送ることになったのだった。パーネルはこの先輩犬といっしょに家のなかで過ごすことが大好きで、マシューの大きな茶色の背にもたれて眠ることさえあった。しかしひとたび外に出ると、尻込みしてしまうのである。マシューが先に立って歩いていても、幼いパーネルは後についていきたがらず、道に漂うさまざまな匂いを嗅ぎまわることもしなければ、公園にそびえる立派な大木や真っ赤な給水栓にも一向に興味を示さなかった。ただひたすら家に戻りたがるのである。そして室内でゴロゴロし、してはいけない場所で排泄してしまうのだった。

ついにある日、マシューまでもがパーネルのあとを追ってのろのろと家のなかに入ってしまったとき、ダンとスーザンには事情が飲み込めたのだった。「パーネルは私たちが思った以上に利口だったのです。あの夏はとても暑かったのですが、家にはエアコンがありました。外に出れば暑い思いをすると、パーネルはすぐに覚えたのです。家のなかにおしっこをして叱られるほうが、外で四〇度の陽射しに焼かれるよりましだと思ったのでしょう」。まもなくフィッシャーオウンズ夫妻は引っ越すことになり、その家はパーネルにとって幸いなことにエアコンのついていない家だった。頑固だったパーネルもそれからは散歩が大好きになり、とくに爽やかな風の吹く夕方に外に出るのを好んだ。そしてパーネルが一歳になる頃には、暑さも気にならない季節になっていた。いつかトゥーソン(アリゾナ南部の観光地)やアトランタ在住の主人に仕えるかもしれない犬にとって、これは大きな進歩だった。

素行の悪い犬

ブルマスチフの見本のような子犬たちを選ばず、怯《おび》えきったチビさんを引き取った理由は何だったかと考えてみると、前まえから飼っているミネルバの性格を考慮した結果だといえる。ミネルバも非常に臆病な犬なのだ。子犬のころには、私たちが眉を吊り上げただけで、悪さをやめたものだ。またわずかに怒りや威圧感のにじんだ声で「だめ」とさえ言えば、恐れをなして逃げ出してしまう。自分のしたことで私たちの機嫌を損ねてしまったと思うだけで、どんよりと落ち込んでしまうのである。厄介事などちっとも起こさないし、扱いやすい犬だ。

女盛りのころも、ミネルバはドッグショーで賞を取れるような美しい犬ではなかったが、老年期にさしかかるにつれ、太っていよいよ滑稽な姿になってきた。老いた身体からぶよぶよとたるんだ肉がたれさがり、小さな頭のてっぺんが尖《とが》って、まるでディズニーキャラクターのプルートのようなのだ。その姿は性格俳優のマリソン・ローンを彷彿とさせる。一九五〇年代にもっぱらおしゃべりな老女を演じていた女優だ。ジェーンなどはときどきふざけてミネルバの首にオペラレングスの真珠をかけるのだが、未亡人の雌犬の首に真珠はじつによく映えるのだ。

繊細な神経の持ち主だったせいか、ミネルバはいっしょに飼われていたガスにかなり悩まされていたようである。ガスは身体の大きいブチの雄犬だった。彼はミネルバに恐れられていたが、それはなにも意地悪をしたからではない。ボス犬ならではの宿命である。ガスはどこから見ても動物のなかのボスだった。お皿に入れた水も先に飲むし、新しい玩具で遊ぶのも、寝心地の良いベッドで眠るのもガスのほうだった。ガスが死んだとき、ミネルバが安堵の吐息を漏らすのが聞こえた気がしたものだ。長年悩まされてきた発疹も嘘のように消えてしまった。暖炉のそばのじゅうたんで眠る喜びをミネルバは見出した。それまでガスが占領してきた場所だ。また私たちのベッドのすぐ横で毎晩眠ることもできるようになった。ペットの犬にとって家で一番の特等席である。こうして二年のあいだ、ミネルバは我が家で唯一の犬として幸せな月日を送ったのだった。私たちはこれからミネルバがますます年老いていくことを考え、威張りくさった尊大な子犬にこづき回されるのは忍びないと思ったのだった。ミネルバのようなデリケートな犬には、気の弱いチビさんがちょうどよい組み合わせだ。そう考えたのである。

しかしクレメンタインを抱いて玄関のドアをくぐり、くるんでいた毛布をはがしたとき、私たちはミネルバの気の弱さを甘く見ていたことに気づいた。子犬の姿を見たとたん、ミネルバはカタカタと歯を鳴らしはじめたのだった。お土産物屋で売っている玩具の入れ歯のようだった。近寄って匂いを嗅ごうともしなければ、私たちが目の前にクレメンタインを下ろしても、この見慣れぬ生き物を物色しようともせず、かといって引き下がってクレメンタインの反応をうかがうこともなかった。くるりと背を向けたかと思うと、関節炎に冒されたガニ股の足が動く限りのスピードで駆け出し、階段の踊り場の上に避難してしまったのである。クレメンタインはまだ小さくて階段をのぼれなかったため、そこにいればミネルバは安全だった。ミネルバはその踊り場にとどまり、突然家に侵入してきた白縞の小悪魔を、恐怖と戦慄の面持ちで見下ろしていた。

以来、この踊り場はミネルバの避難所と化した。ここから手すりごしに階下を見下ろして、つい数日前までは彼女の平和な世界だった場所を眺め、一週間ものあいだそこに居座った。食事や水分をとったり、散歩に行ったりするときには、私たちをボディーガードとして家のなかを通り抜け、てのひらサイズの恐ろしい子犬から身を守った。

私たちが住んでいたコネチカットの小さな町はその年、ノースダコタ州のファーゴよりも大量の雪に見舞われた。大雪が降ったせいでドアが開けられず、市の除雪車が来てくれるまでの二日間というもの家から出られないことさえあった。この悪天候のおかげで普段より室内で過ごす時間が増えたせいか、私たちは生後六週間のブルマスチフの登場が我が家に及ぼした影響についてじっくり考えることができた。

ミネルバが重度の神経衰弱におちいったことはさておいて、クレメンタインが来てからの数日間はたいした問題もなかった。クレメンタインはたいてい眠っていたし、目を覚ましても私たちの腕に抱かれてとても満足げだった。どうしようもないほど小さくて頼りなげだった。私たちは、まるで生まれたての赤ん坊を扱うようにクレメンタインをあやした。ジェーンは心臓の鼓動が聞こえるようにと、クレメンタインを胸の近くで抱いてやった。私たちは二人して小さな茶色の耳元に優しく語りかけ、柔らかい足の裏をなで、小さな尻尾をもてあそんだ。マイケルは切なげな歌声にのせて名前を呼びかけた。クレメンタインというのは大好きなジョン・フォードの『荒野の決闘』（原題は『ダーリン・クレメンタイン』）に敬意を表してつけた名だ。ドッグショーに出るかどうかは別として、血統書つきの犬には実在または架空の有名人の名をつけることになっている。それでクレメンタインの場合、ＡＫＣ（アメリカン・ケンネル・クラブ）の書類にはオールスターズ・ダーリン・クレメンタインと記録されているのである。

私たちは毎朝ミミに電話をかけ、クレメンタインの様子を報告した。そしてミミのあとにはデビー・バーガスに電話をして同じ話を繰り返した。クレメンタインには、彼女のことを気にかけてくれるゴッドマザーが二人もおり、専門的アドバイスには事欠かなかった。

眠ってばかりのクレメンタインもしだいに好奇心をあらわにしはじめ、三日が過ぎたころにはしきりに家のなかを探検しはじめた。これは子犬の成長過程として当たり前のことで、ミミもその点は問題ないと言っていた。「自分の居場所が分かると、とたんに活動的になるのよ」。そう言ってミミはくすくす笑った。

意地悪なスウィーピーや大きな兄弟たちから解放されて、クレメンタインの臆病さはたちまち影を潜めていった。また、デビーの家の子犬用ボックスには囲いがあって、新聞紙やタオルといった味気ないものが入っているだけだったが、我が家は刺激的な匂いに満ちていた。何十年も前に飼っていた犬の体臭も残っているし、さまざまな匂いが入り混じって漂っている。またクローゼットには汚れものの入った洗濯かごがあるし、浴室の棚にはシャンプーのボトルが並んでいて、好奇心にかられたクレメンタインが鼻で押し倒すのにもってこいだった。ベッドカバーも引っ張り甲斐がある。なにより、家にはルイスという名のおしゃべり好きなアマゾンオウムがいて、クローバーハニーのような独特の匂いを発散しているのだった。

クレメンタインにとって我が家はワンダーランドだった。子犬が新しい世界を発見していくさまを観察するのは、飼い主の経験する喜びのひとつである。子犬が、クローゼットでみつけた古いスウェットをひきずって誇らしげに部屋に入って来るのを見るのは楽しいものだし、つっけるもの、押せるもの、引っ張れるもの、噛めるものに片っ端から興味を示す彼らの様子は、多少腹立たしいときはあっても、若々しい生の喜びをさわやかに感じさせてくれる。しかしクレメンタインが家のなかをうろつく様子にはなにか奇妙なものがあった。度が過ぎている、と言ったほうがいいかもしれない。私たちがそれまで育てた子犬たちは思いきり遊んだ後は深い眠りに落ちたものだった。クレメンタインの風変わりな点はほとんど眠らないことだった。始終動きまわっているのである。遊び疲れるかわりに、遊べば遊ぶほどもっと遊びたくなるようだった。挙げ句の果てには気が狂ったように廊下をジャンプしてまわるので、体を押さえつけて落ち着かせなければならないほどだった。

ふつうブルマスチフはさほど活発な犬ではない。それどころかかなり怠け者タイプもいる。のんびり屋の私たちにはぴったりの性格なのだ。ミネルバなどはカウチに寝そべって六時間ぶっとおしで居眠りをすることも珍しくない。散歩や食事の時間になって、私たちにつつかれるまで眠り続けるのである。私たちがミミの飼犬サムの子供をほしがった理由のひとつは、サムがブルマスチフのなかでも群を抜いて落ち着いた犬だったからだ。背もたれのないソファーに悠然と寝そべっているサムは、何が起ころうとも落ち着き払っている。はじめての場所に行ってもじっとお座りをして、王者の威厳に満ちた凛《りん》とした表情で興味深げに周囲の様子を観察している。私たちが犬に求めたのはそういう落ち着きだった。毎朝十五キロもの距離を散歩させたり、何時間もフリスビーで遊んだりしてやらないとおとなしくならないような犬は飼うつもりはなかった。活発な犬にはどうもなじめないのだ。

しかしクレメンタインは、性格という点に関してブルマスチフらしからぬ犬だった。クレメンタインを引き取って一週間がたったころには、私たちはクレメンタインの父親はサムではなく栄養剤を飲んだウサギではないかと疑うようにさえなった。思ったよりずっとおてんばなクレメンタインだったが、それでも私たちには、彼女を希望通りの犬に変身させる自信があった。だから、それまで数々の犬を育てて正しいと立証済みの方法でクレメンタインを育てることにしたのだ。最初の課題は、家の外で排泄するというルールを教えることだった。排泄のしつけは順序を追って進めれば難しいものではない。私たちはいつもバスケットを使って排泄のルールをしつけてきた。バスケットは犬のしつけによく利用される小道具で、排泄のしつけにも効果を発揮する。というのも犬は自分の巣が糞便で汚れるのを嫌うからだ。それに加え、バスケットを使えば飼い主も、犬が何をしているかと心配することなしに睡眠をとったり休憩したりできる。私たちは地下室から金属製の大きなバスケットを引っ張り出した。それまで数々の犬（ブルマスチフが四匹に、イングリッシュ・ブルドッグとブルテリアが一匹ずつ）を飼ったさいにも使ったため少々傷《いた》んではいたが、頑丈なバスケットだった。底に清潔なタオルと新聞紙をしきつめ、クレメンタインが寂しくないようにと玩具を一、二個置いてやった。そして寝室のすぐ外の廊下にバスケットを置き、クレメンタインの様子がすぐ確認できるようにした。

子犬を引き取ったその晩は試練のときかもしれない。親兄弟から引き離されて気持ちが動揺しているせいだろう、子犬の多くはそれまでの短い人生ではじめて見る場所でひとりになった途端、キャンキャンと鳴きはじめるのだ。その声にはどんな冷血漢も心を動かされるだろう。しかしどの専門家も言うことだが、ここで子犬を寝床から抱きあげ泣きやむまであやしてやるのは一番のタブーなのである。こうした見当外れの優しさを示せば、子犬は鳴いて同情を引くことをおぼえるだけだ。こうした行動は簡単に身につき、直すのには非常に苦労する。すぐにキャンキャン鳴く犬など誰だってほしくはあるまい。だから私たちはクレメンタインの弱々しい鳴き声を聞きながらまんじりともせずベッドに横たわり、鳴きやんでくれますように、と祈り続けた。

こうして悲しげな鳴き声を一時間ばかり聞いたのち、私たちは廊下をのぞいてクレメンタインがバスケットのなかで怪我をしたりタオルに絡まったりしていないか確かめた。大丈夫だった。しかし何と痛ましい光景だったことか。クレメンタインはどうしようもないほど小さく、朱色の平たいカモノハシやふくろうのぬいぐるみの横で怯えていた。私たちはベッドに戻ったが、眠れぬまま悶々としていた。自分たちは正しいことをしているのだろうか、生後六週間の怯えきった子犬にこんな残酷な仕打ちをしていいのだろうか、と。

ふつう子犬は数時間もすると疲れて鳴きやみ、眠りに落ちてしまう。運がよければ、深い眠りに。そして飼い主は、子犬がバスケットのなかで排泄してしまう前に早起きし、すかさず散歩に連れ出してやれば、外で排泄するというルールを教えることができる。子犬が外で排泄したら、大げさにほめてやることだ。何日かこれを繰り返せば、なんと！　排泄のしつけは完了、である。たいていの犬は外で排泄するという習慣をすぐに身につける。ほめられるのが嬉しいからだけでなく、本能的に自分の寝床を清潔に保とうとするからだ。バスケットを使う理由はここにある。

　しかしクレメンタインの場合、この簡単な方法もうまくいかなかった。彼女は夜通し鳴き続けたが、私たちはバスケットから出してやろうとはしなかった。そんなことをしたら、ぐずぐず鳴けば構ってもらえると教えてしまうことになるからだ。朝の四時半になって、私たちはそろそろクレメンタインをバスケットから出して外で排泄させようと思った。ところがバスケットをのぞいてみると、そこはクレメンタインの汚物であふれていた。しかもクレメンタインはバスケットのなかで排泄しただけではすまず、汚物の上で転げまわってそこらじゅうを汚し、身震いしてバスケットの柵ごしに汚物をとびちらし、廊下のじゅうたんまでも汚していた。このおぞましい光景を見て私たちは、監獄に入れられた囚人が腹立ち紛れに看守に向かって糞便を投げつけるさまを連想したものだ。

「とんでもないことをしてくれた」と私たちは肩をすくめた。子犬が尿意や便意をコントロールできるようになるには少し時間がかかる。そう心に言い聞かせ、私たちはリゾールでバスケットを消毒し、ふくろうとカモノハシのぬいぐるみを洗濯し、じゅうたんの染《し》みをぬぐった。そして石鹸と水でクレメンタインを洗い、匂いが残らないように紙タオルでふきとった。このとき私たちは、クレメンタインに可哀想なことをしてしまったと思っていた。デビーの家から知らない場所に連れてこられ、金属のバスケットにひとりぼっちで取り残され、糞尿にまみれて一睡もできなかったのだ。どんなに辛かっただろう、と。私たちは子犬が経験した理不尽な仕打ちに同情して泣きだしたい気分だったが、当のクレメンタインは私たちの腕のなかでしきりにもがいていた。また今日も思いきり遊ぶぞ、といった感じで、昨夜の悲惨な体験のことなど気にもとめていないようだった。

はじめの一、二週間というもの、クレメンタインにはしつけらしいしつけは施さなかった。悪いことをしても、責任をとらせるにはあまりに幼すぎるからだ。しかし生後十週間になってもまだ彼女は毎晩バスケットのなかに排泄し、バスケットが自分の寝床だということが理解できないようだった。夜通し吠え続け、その間十五分ほどの休憩を何度かとってしばし眠るのである。生まれたばかりの子供をもつ親と同じように、私たちも朝までぐっすり眠るというのはどんなものか、もはや思い出せなくなってしまった。気がおかしくなりそうだった。

「バスケットから出してやったほうがいいかしら」と、私たちは夜中の三時に疲れ果てた声で相談し合ったものだ。数時間前に汚れたバスケットを掃除したばかりだった。

「様子を見て来る」。私たちのどちらかひとりが言って、そろりと廊下に出る。バスケットを開けてやると、クレメンタインは大喜びだ。私たちの姿を見て尻尾を振り、抱き上げてもらうと、長らく音沙汰のなかった友人に再会したかのように顔をなめまわすのだ。

午前三時に見るクレメンタインの姿はかなり異様なものだった。というのも、少なくとも二日に一日は排泄物のなかで転げまわって糞尿にまみれていたからだ。私たちは早起きしてクレメンタインとバスケットをきれいにし、ふたたびクレメンタインをバスケットのなかに戻すのだが、その途端にクレメンタインは寂しがってキャンキャンと鳴きはじめるのである。

奇跡的にバスケットが汚れていなかったときには、クレメンタインを腕に抱えて外にかけだし、冷たい霜の降りた芝生の上におろしてみた。しかしクレメンタインは、五セント玉ほどの丸い瞳を見開いて私たちをみつめるばかりだ。私たちはバスローブ姿でじっと立ち尽くすのだが、そのうち歯がカタカタと鳴りはじめ、クレメンタインも震えはじめる。「しなさい!」と声をかけても無駄だった。それで仕方なく家のなかに連れて帰るのだが、暖かいバスケットのなかに入った途端クレメンタインは、外でさんざんしろと言われたことを嬉しげにしてしまうのだった。

生後三ヶ月になるころには、ふくろうとカモノハシのぬいぐるみは熱いお湯で何度も洗濯されたおかげで、まるで皮をはがれたようなありさまになっていた。

毎晩、私たちは暗闇のなかに並んで横たわり、廊下にいる子犬のことを腹立たしい思いで考えた。「なんであいつは黙らないんだ?」とマイケルは言い、ジェーンも「なんでかしら。我慢できないわ」とこぼした。

私たちは何かし忘れたことがなかったか、思いつくままに並べ立てた。散歩には連れて行った。バスケットに入れる前に排泄もさせた。おもちゃも入れてやったし、新しいタオルも敷いてやった。クレメンタインに聞こえる程度に、小さな音でラジオもかけてある。廊下の常夜灯もつけてある。寝る前に変なものは食べさせなかった。

当時は考えつかなかったことだが、いま思うと原因はなんとも明らかなことだった。クレメンタインにとって、夜中に何度もバスケットから出されて階下に連れて行かれるのは、楽しくて仕方のないことだったのだ。数時間おきに行ったりきたりせねばならない私たちはたまったものではなかったが。クレメンタインは外に出ても走りまわったり遊んだりする以外のことは頑《かたく》なに拒み、バスケットのなかに戻されるまで、便意も尿意も我慢するのである。何と首尾よく私たちをしつけ、夜の夜中にバスケットから出してもらうよう習慣づけてしまったことか。反対に私たちといえば、クレメンタインに何ひとつしつけられていなかった。

成長するにつれ、クレメンタインの底無しのエネルギーはいよいよ手がつけられないまでになっていった。朝食を済ませてクレメンタインがまずすることは、ミネルバを探すことだった。ミネルバはこのころになってもクレメンタインを避けて階段の踊り場にいることが多かった。生後十週間になったかならないかのうちに、クレメンタインは階段の一番下の段に上半身を乗せ、渾身の力を込めてしなやかな前足を伸ばし、階段をのぼろうとしはじめた。そして順序立てて体を動かし、諦めずに粘っているうちに、ついに二段目にのぼってしまったのである。私たちはそれまでに飼った子犬たちのことを思い出し、同じように階段をのぼろうとした犬がいたか、考えてみた。案の定、たいていの子犬はクレメンタインよりずっと月齢が高くなってからしか階段をのぼろうとはしなかった。クレメンタインがはや五段目までのぼれるようになり、さらに上を目指しているのを見て、私たちは驚きに目を見張った。ミネルバも踊り場からクレメンタインの様子を眺め、信じられないといった表情を浮かべて目を見開いていたが、立ち上がってさらに階段を六段のぼり、とうとう二階にまで上がってしまった。私たちはクレメンタインを抱きかかえて階段の下に連れ戻し、おもちゃで遊ばせた。しかし数日もすればミネルバはクレメンタインに捕まってしまうだろうと思われた。

もちろんクレメンタインはただ遊びたがっていただけなのだが、ミネルバはそれにどう対処すればいいか分からず途方に暮れていたのである。こういう場合に年長の犬としてなすべきこと（たとえば威圧的なうなり声を発したり首のまわりの毛を逆立てたりして子犬を追い払う）が、ミネルバには一切できなかった。その代わりに、浜に打ち上げられた鯨のごとく横たわり、途方にくれた表情を浮かべて、クレメンタインの鋭く小さな歯にかじられるのに身を任せているのである。こうしてなす術《すべ》もないままじっと横たわり、私たちがクレメンタインを引き離してやると、ようやく身を起こして一目散に逃げていくのだ。ミネルバを守るために、私たちは階段の下にゲートを立てかけてやった。このゲートを開けてやると、ミネルバは階段を駆けあがって避難する。そのあとクレメンタインが後を追わないうちにゲートを閉めてしまうのだ。おかげでクレメンタインはことのほかいらだちを募らせ、ゲートを前足でつつき、ミネルバに向かって吠えたてたりキャンキャンと甲高く鳴いたりしたため、私たちはクレメンタインを抱き上げて別の部屋に連れて行き、何か他のものに注意を向けさせようとしたものだった。

ミネルバ以外のものにエネルギーを発散させようと、私たちはペットショップや通販カタログに片っ端からあたって、おもちゃを買いあさった。数週間のうちにクレメンタインは山ほどのおもちゃに囲まれることになった。柔らかいチューイングロープやゴム製のアヒル、生皮の骨、音の出るポークチョップ、布製のフリスビー、プラスチックのフリスビー、テニスボール、牛の蹄《ひづめ》からとったチューイングスライスなどだ。友人のビクターとティナも、飼い犬が飽きてしまったおもちゃを大きなバスケットいっぱいに入れて持ってきてくれた。しかしクレメンタインはどのおもちゃにも興味を示さなかった。匂いをかぎ、十秒ほど関心を持ったような振りをするだけで、すぐに見向きもしなくなってしまう。そしてミネルバを探しに行ってしまうのだ。それはまだましなほうで、ときには我が家のオウム、ルイスにたいして実に念のいった嫌がらせをすることもあった。

ルイスを飼っている床置き型の大きな鳥かごは書斎に置いてある。ここは私たちがテレビを鑑賞し、朝食にベーグルとコーヒーを味わう場所だ。高価なレストラン用のニワトリと同じように、ルイスも放し飼いにされている。私たちが家にいるときはかごの扉は開け放たれているので、ルイスは自由に飛び回ることに慣れている（断っておくが、ルイスは雌だ。雄だと思いこんでいたため、ルイスという名をつけてしまった。飼いはじめて六年目に血液検査をした結果、実は雌だと分かったのだが、名前を変えるにはもう遅すぎた）。我が家に来てからの十一年のあいだに、ルイスはあまりに多くの犬たちと出会ったために、もはや犬を怖れなくなっていた。むしろ犬から怖れられる存在になっていた。体重はわずか五百グラム少々だが、堂々たる体格を誇っている。多くのオウムと同様に、ルイスも高飛車な大声と何物をも怖れぬ態度のおかげで見た目よりも大きな存在感を放っている。さらに必要とあれば、広げた翼でばさりと風をあおったり口笛を吹いたりすることもあり、剣士が剣で突くようにくちばしで一撃を食わせることまである。今まで飼ったブルマスチフのうち一番大きな犬さえも、黒く柔らかな鼻先をルイスにひと突きされて一目散に逃げ出してしまったほどだった。

しかし以前飼っていた犬たちはみな、ルイスと意気投合したものだ。横たえた体の上を、まるで毛皮に覆われた山を歩くようにルイスが歩いても、多くの犬は気にしなかった。ガスなどはルイスが背中に乗ると、ロデオのように家のなかを跳ねてまわった。ルイスは細長い灰色の指でガスの背中にしがみつき、嬉しそうにホーホーと歓声をあげたものだ。ときどきルイスはトリックを使って犬たちをおどかした。私たちの声音をみごとに真似て「だめ！」とか「悪い子だ」などと怒鳴るのである。すると犬たちは騙《だま》されて、していたことをはたと止めてしまうのである。クレメンタインを飼いはじめたとき、はじめの数週間ほどはルイスの近くに連れて行かないようにした。まだあまりにか弱くて、我が家の女帝の容赦ない攻撃に耐えられないと思ったからだ。

しかしクレメンタインが生後十二週間目になるころには、こうしたきめ細やかな配慮など無用だと思うようになっていた。私たちはもうただ、日常生活のなかで平常に保たれている部分を必死で守ろうとしていた。ゆっくり眠ることもできなかったし、仕事もはかどらない。私たちは家で仕事をしているので、クレメンタインのわがままから逃れる手段はなかった。どちらかひとりが絶えず彼女といっしょにいて、厄介ごとを起こさないよう見張っていなければならなかった。日中バスケットのなかに入れようものなら、クレメンタインは狂ったように吠え続けるので、仕事は、手につかないほどではなかったが、いっこうにはかどらなかった。

それでも何とか朝の日課だけは続けようとした。書斎でベーグルとコーヒーの朝食をとり、テレビのニュースをみるのである。書斎には寝心地のよさそうな犬用のベッドがひとつあり、ルイスのいる鳥かごからさほど遠くない場所に置いてあった。ミネルバはここに寝そべるのが好きだった。私たちは隣にもうひとつベッドを置き、クレメンタインが先輩を真似て横になってくれることを期待した。ある日、私たちは朝食のトレーを抱えて書斎に入り、犬たちもあとについてやって来た。ミネルバはお気に入りの場所に行って、横になった。クレメンタインはミネルバをトランポリンとでも思っているのか、体の上でぴょんぴょん飛び跳ねはじめた。私たちはクレメンタインをミネルバから引き離し、ベッドを指し示した。このベッドを自分のものだと思ってくれれば、と願いながら。ジェーンなどはクレメンタインといっしょにベッドの上に乗り、嬉しそうな声をたてて寝そべる気を起こさせようとした。しかしジェーンがベッドから降りると、クレメンタインも降りてしまう。コーヒーは冷たくなってしまった。「歩き回らせておこう。そのうち寝そべる気になるさ」と、マイケルは楽天的に言った。私たちは椅子に腰掛けてテレビのスイッチを入れた。そのときすでにミネルバは逃げ出しており、部屋にはクレメンタインと私たち二人とルイスしかいなかった。

くたっとした丸いベッドが二つもあってどちらを使ってもいいとなればクレメンタインも喜ぶだろう。そういうこちらの期待に反して、クレメンタインは部屋のなかを行ったり来たりしはじめた。お気に入りの遊びである。この犬は普通に歩くということをせず、とりつかれたような足取りで同じ場所を往復するのだ。動物園で狭い檻《おり》の中に入れられた猫科の動物を思わせる行動だった。囚《とら》われの身となったライオンや豹《ひょう》、そのほかの肉食動物のように、クレメンタインは繰り返ころ、仕事から戻るとクレメンタインは、大満足の面持ちで少し離れてすわっていた。ルイスは生後二週間目のときと同じ行動だ。ただしこのころは目もぱっちり開いていたが。そして何かしでかしたくてたまらないといった顔つきで、せかせかとあてもなく歩き回ることに没頭していた。

ルイスは鳥かごのなかからクレメンタインの様子をじっと眺めていたが、やがて止まり木を離れて鳥かごの扉の部分に移った。そこならクレメンタインの目と同じ高さである。私たちは手を出さずに見守ることにした。それまでに何度となく犬と鳥の出会いを目撃してきたからだ。二匹の動物が差しで関係を築けるようにしてやるのが一番だと私たちは思っていた。必要なとき以外は干渉せずに見守っていてやるのである。ルイスが犬に対して「今後いっさいちょっかいを出すな」と思い知らせたいときに放つ効果的な技といえば、くちばしの痛烈なひと突きだった。しかし近寄ってきたクレメンタインに向かって、ルイスは大声で「こんにちは！」と言い、お気に入りの『アンディー・グリフィス・ショー』のテーマソングを口ずさみはじめた。ルイス流の和平の申し出である。クレメンタインは、ルイスが興奮したときに発する蜂蜜に似た匂いを吸い込んだ。そして均衡状態は打ち破られた。なんと、クレメンタインはルイスに向かって思い切りジャンプしたのである。大きく開いたピンク色の口のなかで、白く鋭い歯がカスタネットのようにカタカタ鳴った。ルイスは臆病者ではないが、強敵の出現に慌てふためいて、退却するヘリコプターのようにまっすぐ上に飛び立った。

「やめなさい！」私たちはそろって叫び、椅子から跳ね上がると、クレメンタインを鳥かごから引き離した。クレメンタインはばつが悪そうな顔をしたり怯えたりするどころか、実に楽しそうだった。新しい標的をみつけたのである。ミネルバを震撼させただけでは飽き足らず、今度はルイスを退却させた。小さな犬らしからぬ行動だった。

翌朝、私たちはまた書斎に腰掛け、コーヒーの入ったマグを手にしていた。ルイスはもはやクレメンタインの目の高さにまで降りてこようとしない。鳥かごのなかにじっと留まり、怯えたような目でクレメンタインをうかがっている。いつもはジェーンのベーグルをつまみにくるのだが、そんな気さえ起こらないようだった。

クレメンタインはてぐすねひいて待ち構えていた。大きな鳥かごが格好のおもちゃになると知ってしまい、そのまわりをぐるぐる回ってはときどきジャンプするのだ。「やめなさい！」と私たちは怒鳴り、足を踏み鳴らしたり手を叩いたりしてクレメンタインの気を引こうとした。しかし音をたてたり体を動かしたりすればするほど、クレメンタインはおもしろがる。どうやらそれが家族そろって騒ぐ遊びかどこかの部族の踊りとでも思っているらしく、騒ぎ立てれば立てるほどいいと思っているようだった。クレメンタインはどんどん足を速めて鳥かごのまわりをまわり、ついにはルイスめがけてふいに二回転宙返りを打ったが、激突した相手はルイスではなくジェーンだった。ジェーンはクレメンタインの襟首を捕まえようとして膝をついていたのだった。おかげで洗い立てのジェーンのシャツに熱いコーヒーがかかってしまった。「大嫌いよ！」ジェーンは涙声でこう叫び、二階に駆けあがってベッドルームに閉じこもり、涙にくれた。

一週間もたったころには、静かな朝のひとときはクレメンタインとの腹立たしい根比べの時間と化してしまい、しかも負けるのはいつも私たちだった。クレメンタインに向かって金切り声をあげるせいで声も枯れてしまった。「だめ！」と怒鳴られても、クレメンタインは叱られたとは思わず、まるでその言葉を遊び時間のテーマソングのように思っているのだった。ミネルバやルイスを困らせるだけでは飽き足らず、書斎にあるもので遊べないかと物色しはじめた。そして本棚に並んだ本を一冊ずつ引っ張り出し、薪《まき》をかじって細かな木屑《きくず》にし、テレビのスピーカーのカバーをはずし、ビデオデッキからコードを引っこ抜いた。言うまでもないことだが、床に脱ぎっぱなしにされた靴やブーツは格好のおもちゃになった。椅子の上に置かれた毛布やカーテンの縁、リモコンなどもクレメンタインのお気に入りだった。私たちがおもちゃを取り上げても、すぐにもっと危険で壊しがいのあるものをみつけてしまうのだ。

クレメンタインのいたずらに疲労困憊《こんぱい》した私たちは、なんとか解放されたいと藁《わら》をもすがる気持ちで円形運動具を買うことにした。それは直径一メートル半の金属製の器具で、ドッグ用品の通販カタログでみつけたものだ。「お急ぎ翌日配達」で届いたその円形運動具を、私たちは台所に置いた。台所は書斎から離れているので、クレメンタインが嫌がって吠えてもさほどうるさくはないはずだった。円形運動具はミミがすすめてくれたものだ。たいていのブリーダーと同様にミミも、飼い主の目の届かないところで子犬を好き放題走りまわらせておくことには反対だった。ふつう犬の専門家というのは、犬はいつも自由に走りまわっているべきだ、などという夢見がちな考えは持っていない。モンタナの荒野に二千メートル四方の土地を持っているというのなら話は別だが。往々にして、犬を放し飼いにすれば、近所の庭に入りこんでしまったり車に轢《ひ》かれてしまうのが落ちだ。家のなかにいても、飼い主が目を離してしまうと、ごみ箱のなかに入ってしまったり、電気コードをかじってしまったり、洗濯石鹸をひと箱まるごと食べてしまったりする。だからバスケットや円形運動具などはじつに役に立つ。こうした道具のおかげで多くの子犬が命拾いし、飼い主の多くも正気を保てるのである。

クレメンタインは円形運動具のなかにすんなりと入った。バスケットのときと同じように、なかには毛布やおもちゃをたくさん入れておいた。私たちは期待に胸を膨らませて二階に上がり、書斎に入った。そこで午前中一杯、考えごとをしたり、相談ごとをしたり、執筆活動に励んだりするつもりだった。

ところがいかほどもたたないうちに、ガチャガチャどしどしという大きな音が響き、耳障りな甲高い鳴き声が聞こえた。私たちは無視した。いや、少なくとも無視しようとした。しかし鳴き声はどんどん大きくなる。ついに私たちは階段のところまで行って下を覗きこんだ。クレメンタインの姿が見えた。ちゃんと円形運動具のなかに入っている。しかし小さなヘラクレスさながら、なんと直径一メートル半の金属器具を引きずって台所を抜け、廊下を進み、それればかりか階段を数段のぼっていたのである。

少しでも仕事を進めようと思っていた私たちだったが、この日はあきらめて金物店に行き、大きな鉄のボルトを買った。円形運動具を台所の壁と床に固定するためだった。

パーネルの学生時代

一九九六年の春、パーネルがまだ一歳にも満たないとき、スーザン・フィッシャーオウンズはパブリック・ヘルスの学位を取得するためにボルティモアのジョン・ホプキンズ大学に進学した。パーネルもいっしょにボルティモアに移った。身障者福祉法はふつうのペットが入れないような場所に盲導犬が入ることを許可する法律だが、パーネルのような訓練過程にある盲導犬には適用されない。しかしスーザンの粘り強い説得とジョン・ホプキンズ大学の善意によって、ボルティモアではパーネルはどんな場所にも出入りが許された。教室にも病院にも、医学部にも、パブリック・ヘルスの学部棟にも入れたし、町を循環するバスにも乗れた。そしてキャンパスで有名な存在になった。スーザンが卒業するときには、「福祉に生涯を捧げる可能性が一番大きい学生」に選ばれた。しかしスーザンによると、パーネルは賞状はもらっていないらしい。「だってパーネルは学費を払ってませんでしたからね」

さまざまな状況に犬を慣れさせることも盲導犬候補の里親のつとめである。花火大会の会場や人通りの多い町なかといった賑やかな場所にも慣れさせ、反対に長い時間じっとしていることや家で静かに過ごすこともおぼえさせるのだ。ジョン・ホプキンズ大学で過ごした年月のあいだ、あちこちの教室や廊下を歩いたことは、盲導犬になるための格好の基本的訓練となった。パーネルは将来、視覚障害者をリードして歩き、活動的な生活を送る手助けをするのだから。

子犬の幼稚園

クレメンタインが生後十二週になったとき、私たちは彼女をオビディエンス・クラスに入れた。それまで飼った多くの子犬たちもこのいわゆる子犬の幼稚園に入れており、正しい振る舞いと社会性を身につけさせるのに大いに役立ったからだ。クレメンタインの場合、それまでの子犬たちより一ヶ月早くクラスに参加したわけだが、彼女の素行を改めさせるための万策尽きた私たちにしてみれば、藁をもすがる気持ちだったのだ。

不思議なことではなかったが、クレメンタインはクラスで最年少だった。そしてブルマスチフであるにもかかわらず、体も一番小さかった。生後六ヶ月のスタイルのよいラブラドール・レトリバーやゴールデン・レトリバーの横で、クレメンタインはとても小さく見えたものだ。インストラクターはクレメンタインが幼すぎるのではないかと心配し、集中力がもたなくて、クラスメイトについていけないのではないかと不安そうだったが、とりあえず受け入れて様子を見てくれることになった。

ところが意外なことに、クレメンタインは優等生だった。「お座り」や「待て」「伏せ」もすぐにマスターした。腕前を披露する順番が回って来ると、クレメンタインはまるでレーザー光線のような集中力を見せて本領を発揮する。しかも一度も間違わない。他の子犬たちは体育館の床に粗相してしまい、飼い主に紙タオルで後始末をしてもらっていたが、クレメンタインはおしっこもうんちもしなかった。インストラクターはクレメンタインを天才と呼び、ほかの飼い主たちにクレメンタインをよく観察して見習うように、と指導した。私たちは「クレメンタインには非のうちどころがありません」と告げられ、ひどいペテン師にでもなったような気持ちで表彰状を受け取ったものだ。インストラクターに説明して、クレメンタインは家ではとても手に負えないのだと分かってもらおうとしたが、インストラクターは信じられないといった表情でこちらをみつめかえすばかりで、家でもクラスでやったのとそっくり同じように命令するようアドバイスするだけだった。

私たちはクラスと同じようにやった。しかしクレメンタインはちがった。家はクラスではない。クレメンタインにはそれが分かっていたのだ。犬をオビディエンス・クラスに参加させることについて、ひとつ言えることがある。オビディエンス・クラスは美容院と同じようなものだ。美容院から帰ったときはヘアスタイルは見事にきまっているが、次の日になって自分でセットしてみるとうまくいかず、新しいしゃれたヘアスタイルもその週の終わりごろには無様なありさまになってしまう。

クラスでは、クレメンタインは模範生だった。命令にしたがってお座りをし、後について歩き、マイケルが五、六メートル向こうまで歩いていくあいだじっと待ち、部屋の向こうから呼ばれるとさっと駆け寄る。私たちはオビディエンス・クラスには何度も参加していたので、訓練を活かすには家でも同じような練習を繰り返さねばならないことを承知していた。しかし家でのクレメンタインは、リード（ひも）を付けられていれば完璧なのだが、はずした途端、別の犬になってしまうのだ。言われたことをひとつもやろうとしない。私たちにしてみれば、これから先ずっとリードで犬につながれて生きるなど、とうてい我慢できないことだった。

犬をしつけるときによく使われる道具に輪縄式首輪がある。これは金属製の首輪で、犬が悪さをしたときや変な方向に行こうとしたときに、瞬間的に犬の首を締めて、「行いを改めさせる」ために使われる。縄ひもをすばやくぐいと引っ張ると首輪が瞬間的に締まるのだ。輪縄式首輪をはじめて使う人、特に不器用な人は犬に苦しい思いをさせてしまうかもしれない。この首輪の目的は犬の首を締めることではなく、犬を驚かせることにある。首輪の実習にはマイケルが参加したが、彼は輪縄式首輪の裁き方は比較的上手で、一、二度ぐいと縄ひもを引っ張っただけでクレメンタインに命令を理解させることができた。ひとたび理解するとクレメンタインは命令によくしたがったため、それ以降は縄ひもを引っ張る必要もなかった。

服従するよう犬に教えるとき、一番重要なのは声音である。「だめ」の一言は断固とした厳しい口調で言わねばならない。しかしクラスの飼い主たちのなかにはやけくそに甲高く叫ぶ人や小さな声でつぶやくだけの人もいて、それでは飼い主が上の立場にいるということを犬に正しく理解させることができない。適切な口調で「だめ」と言うことは、飼い主が一番習得にてこずる課題だといえよう。クラスにいたある男性などは、近くでインストラクターが見ているのを意識するあまり、気取った大袈裟な声音で「だめ」と大きく怒鳴ったはいいものの、縄ひもをゆるめるのを忘れてしまった。彼の犬は可哀想に、私たちみんなの見ている前でしばらく喉を締め上げられたままにされてしまった。クラスで男性といえばこの人とマイケルの二人きりだった。残りはすべて女性で、輪縄式首輪もこわごわとした手つきで扱い、「だめ」の一言も小さな声でしか言えなかった。

このオビディエンス・クラスに行って分かったのだが、クレメンタインの素行が悪いのは知能に問題があるからではなかった。命令を理解しそれを実行する能力は十分にある。クラスで金星をたくさんもらったことからすると、クレメンタインは間抜けではないのだ。利口な犬になる能力はある。ただし、やる気がないのだ。

オビディエンス・クラスのコースを修了したときクレメンタインはすでに生後五ヶ月半になっていたが、まだ排泄のしつけができていなかった。私たちは食事に問題があるのかと考え、ドッグフードを変えてみた。回虫や膀胱炎の検査もした。またデビー・バーガスの勧めにしたがって、かなり値段のはる乾燥穀物を通販で買い求めたりもした。しかしクレメンタインの迷惑な習癖はまったく消える気配がなかった。バスケットに入れられると一晩じゅう吠え続け、日中は家のなかを荒らしてまわり、ルイスに攻撃をしかけ、ミネルバを悩ませていた。

「ワンちゃんの調子はどう？」ある日ミミが電話をよこして尋ねた。

「とってもお利口さんよ」私たちは嘘をついた。

そして長い沈黙。私たちに何が言えただろう？　クレメンタインなんて大嫌いだと？　あの子のおかげで生活はめちゃめちゃだと? 私たちは一年ものあいだミミに頼み続けてようやくクレメンタインを手に入れたのだ。それにクレメンタインはただの子犬ではなかった。サムの娘なのである。世界でもっとも完璧な動物と私たちも認めていたサムの。

クレメンタインのおかげで私たちは、子供や犬に関して長らく抱いていた持論を撤回せざるをえなくなった。それまで行儀の悪い子犬や子供を見るたびに私たちは決めつけていた。親や飼い主のしつけに大きな間違いがあったのだ、と。しかしそれが本当なら私たちやクレメンタインはどうなのだろう? 私たちは何もかもきちんとやってきたと心底思っている。少なくともそれまでに飼った犬たちと同じようにクレメンタインにも接してきた。そしてクレメンタイン以外の犬たちとは楽しく暮らしてきたのだ。クレメンタインの話を別の人から聞いたとしたら、きっと私たちはなんて不出来な飼い主だと思ったことだろう。私たちは不出来な飼い主だったのだろうか?

しかし私たちは諦めなかった。クレメンタインの元気がありあまっているのは運動不足のせいだろうと考えた。疲れたり休んだりすることが決してないのだ。そこでマイケルは毎朝クレメンタインをつれて何マイルもの距離を散歩することにした。マイケルは体をよく鍛えており、最近などはトライアスロンを完走したほどの体力の持ち主だが、朝の散歩から戻ると疲れて足を引きずり、仮眠をとるようになった。一方のクレメンタインは、長い散歩でかえって元気になり、嬉しそうにはあはあと息をして、新しい悪戯のターゲットを探しはじめるのだった。そして居間に飾ってあった鞍《くら》の皮ひもを食べてしまったりした。実は皮ひもにはビターアップルをスプレーしてあった。これは毒性のない苦味剤で、犬が噛まないようにするための仕掛けだ。しかしビターアップルはクレメンタインのお気に入りの薬味だったらしい。

私たちはクレメンタインを仔細に観察した。クレメンタインの奇妙な行動の原因を究明したいと強く願うあまり、仕事も二の次になり、日常生活の何もかもが後回しにされた。尽きることのないエネルギーといい、罰を受けても懲りないところといい、クレメンタインは自分だけの世界で生きているようだった。古いデソート（一九五〇年代の米国製乗用車）のヘッドライトのような丸く明るい瞳をもったクレメンタイン。何をもってしても彼女の内部で形成された混乱と無秩序をただすことはできなかった。いつまでも同じ場所を行ったり来たりする癖も治らなかったし、そのうちもっと厄介な癖がはじまってしまった。ジェーンのスカートの裾に飛びついてとっくみ合いをしようとするのだ。ジェーンはクレメンタインをどなりつけ、手を叩いたり、物音をたてたり、水鉄砲で眉間のあたりを狙ったりした（多くのトレーナーからアドバイスされたのだが、悪戯好きな子犬が悪さしている現場をみつけたときは、水鉄砲で撃つと効果があるらしい）。お尻をぴしゃりと叩いたこともある。しかし障害や危険があればあるほどクレメンタインは瞳を明るく輝かせ、さらに猛烈にジェーンのスカートにタックルするのだった。クレメンタインをスカートから引き離し、円形運動具に閉じこめて、やっとこのゲームを終わらせることができた。しかしそうするとクレメンタインは何時間も吠え続けて、ひどい仕打ちに抗議するのだった。

　生まれたばかりのころは魂の休まらない環境に置かれていたクレメンタインだったが、成長するにつれこちらが威嚇してもこたえないようになっていった。それまでつねに子犬に対して一歩上の立場にいた私たちにとって、これは非常に困惑する事態だった。それまで飼った犬たちはクレメンタインのように私たちを侮《あなど》ったりしなかった。目を見据えて「だめ」と厳しく叱れば、反抗的な気持ちを改めていい子になったものだ。しかしクレメンタインは、リードでつないだり輪縄式首輪をしていないときには、こちらが「だめ」と言おうが聞く耳を持たなかった。

クレメンタイン以前に飼った犬はみなかなり物分かりのいい犬たちだった。善悪の微妙な違いをすべて理解していたわけではなかったが、一度その違いを教えられれば、常に正しいことをしようと心掛けたものだ。自分が噛んだじゅうたんの端を見て叱られたことを思い出し、同じ悪さは二度としないと思う能力を持っていた。クレメンタインにはこうした基本的な姿勢が欠けていたのだ。本能のおもむくままに行動し、一瞬一瞬を生きている。彼女にとって今この瞬間の前やあとは問題ではないのだ。毎日が新しい創造の日だった。そしてリードで引っ張られようが断固とした口調で「だめ」と叱られようが、それはカセットテープに録音された音声のように消えてしまうのだった。毎夕、彼女の心は朝と同じように白紙の状態にリセットされた。耳が聞こえないのではないかと疑ったりもしたが、獣医に連れて行ったところ、聴覚にはまったく問題はなかった。

クレメンタインには身体的な問題があったわけではなかった。それどころか、小柄なわりにめざましい速さで成長していた。生後八ヶ月になったときには、体重は四十五キロを越えており、どこから見ても健康そのものだった。

私たちは引き続き知恵をしぼって、クレメンタインの素行を改めさせる手段を考えた。そして、一九七〇年代の終わりに『ヤンキー』誌から原稿の依頼を受けて、ニューヨーク州の北部を訪れたときのことを思い出した。私たちはそこでニュー・スキートの僧侶と過ごしたのだった。ニュー・スキートというのは東方正教会における小修道院で、犬の調教が巧みなことで知られており、彼らが出版した調教に関する本『*How to be Your Dog's Best Friend*』は古典として知られている。

修道院で会ったジョブ神父は、犬というのは群れを作る動物だと私たちに説明してくれた。野生の狼と同様に、犬もどんな生き物と生活をともにしようが、集団のなかで本能的に序列を作る。どんなに飼い馴らされた犬でもこの点に変わりはない。したがって飼い主にとって肝心なのは、群れのリーダーの地位、すなわちイヌ科の行動学の言葉で言う「アルファ・ウルフ」（ボス）の地位を獲得することなのだ。

私たちは本棚から擦り切れた『*How to be Your Dog's Best Friend*』を引っ張りだし、あらためて読み返してみた。重要な事柄はすべて正しくこなしてきたように思われる。最上位の狼が最下位の狼に対するようにクレメンタインをしつけてきた。仰向けにし、おとなしくなるまで首のあたりを片手で押さえつける。顔を両手ではさみ、クレメンタインが目をそらすまで睨みつける。顎の下あたりをぴしゃりと叩く。しかしどれも効果はなかった。どんな悪さをしたときも、そしてすぐに罰を与えても、クレメンタインは数秒後にはけろりと忘れてしまい、してはいけないことなど何もないかのように気ままに振る舞いはじめるのだった。

私たちは第三者の助けを借りたいと思ったが、イエローページを開いてトレーナーを雇うのは気が進まなかった。数年前にトレーナーを雇ってひどく後悔したことがあったからだ。当時私たちは少々反抗的なブルテリアに手を焼いていた。ブルテリアという犬種がもともと強情な性格であることを考え、私たちはよかれと思って早い段階から専門家の手を借りたのだった。広告でみつけたトレーニングサービスの会社に連絡をとったところ、一日でリンチンチン（映画スターになった最初の犬）のような犬に変えてみせます、という返事だった。我が家にやってきたトレーナーはイカボド・クレーンを彷彿とさせる痩せた背の高い男で、黒い革のバイクスーツを着込み、狼のような顔つきをしていた。そして自分が調教する予定の眠たげな子犬にちらりと視線を向け、いったん車に戻ると大掛かりな器材をもって戻ってきた。

それから、内側にスパイクのついた輪縄式首輪を片手に持ち、もう一方の手に長い輪縄を持って犬に歩み寄った。私たちも馬鹿ではないから、ここで口をはさんだ。トレーナーの説明によれば、太い枝に犬をぶら下げ、じたばたもがくのをやめるまでそのままにしておき、「誰がボスか」を思い知らせるのが彼のやり方なのだという。商事改善協会とヒューマン・ソサエティが調査を開始したときには、このトレーナーはすでに町から姿を消していた。おそらく別の州で商売をはじめたのだろう。このとおり、犬のトレーナーを自称することは簡単なのだ。

地獄の日々

クレメンタインが駄犬だという事実は、もはや我が家だけの秘密にとどめておけなくなった。あまりに手を焼いた私たちは彼女をクレメンシュタイン（クレメンタインにフランケンシュタインをかけている）と呼ぶようになり、ジェーンなどは電話の横のメモ帳に落書きをして、四角い額から角の突き出たブチのブルマスチフを描いたりした。

平和な生活を壊されたのは私たちばかりではなかった。私たちは出張で家を空けるときにはバニーとジーンの二人に交代で留守番に来てもらっていたのだが、この二人からそれとなく「危険特別手当」を要求されたのだった。ジーンは獣医学の知識を持ち、乗馬などはかなりの腕前で、何事にも動じない女性だが、クレメンタインの奇矯な行動について興奮気味のメモを残し、犬のしつけに関する本やクラス、指導ビデオなど、私たちが興味を示しそうなものをいくつか教えてくれた。バニーも犬の扱いにかけてはベテランで、自己啓発本の熱心な読者であるが、クレメンタインについて自分なりの意見を聞かせてくれた。「クレメンタインは衝動的に物を壊したり散らかしたりせずにいられないようです。悪いことをしてはいけないと分かっているし、その結果叱られることも分かっているのに、やってしまうんですね。異常ですよ」

私たちはとうとうミミに相談することにした。ミミは翌日さっそく我が家を訪れ、クレメンタインの様子を観察した。彼女は書斎に腰掛け、クレメンタインがハアハア息を切らしながら同じ場所を行ったり来たりするさまを眺めた。「せわしないわね」。ミミらしいかなり控え目なコメントだった。「いつになったらやめるのかしら？」

ブリーダーであるミミにしてみれば、問題なのはクレメンタインの腹立たしい振る舞いよりも、むしろ顔のまんなかに走っている白い線のほうだったのだろう。ミミは、とんでもない犬だというような露骨な言い方はしなかったが、私たちから『Dog Eat Dog』が数週間のうちに出版されることを聞き、マスコミ関係者が我が家にインタビューにくる予定だと知ると、目に恐怖の色を浮かべた。取材ではきっとクレメンタインの家系について聞かれ、おそらく記事にそえるためにクレメンタインの写真も撮られるだろう。「取材のときにはサムをここに連れて来るわ」とミミは言った。「もしくは私の家で取材をしてもらったら？」ありがたい申し出だったが、私たちにはミミの真意が見えてしまった。そしてゴシック小説にありがちな、客が来たときに身内の変わり者を地下室に閉じこめてしまう、という場面を連想してしまったのだ。

結局ミミからはすぐに役立つような対策は何も聞き出せなかった。しかし彼女はクレメンタインが今まで見たどのブルマスチフよりも運動能力に長《た》けていると言ってくれた。この意見には私たちも賛成だ。クレメンタインは家具を飛び越えようと飽くことなくジャンプを続け、リビングルームや屋外をはねまわり、リスやカラスを追いかけ回し、庭の隅に向かって全速力で駆ける。

たぎるようなエネルギーをフル回転させているそのさまを見ていると、よく漫画に描かれているように、尻尾のあたりに風が巻き起こり、足のまわりに幾重もの輪が渦巻いているのが見えるようだった。

このころジェーンはひとり車で出かけて何時間も時間をつぶし、行きたくもない店に行っては必要のない品々を買って帰って来た。子犬のいる地獄のような生活から逃げ出さずにはいられなかったのだ。だから行き先はどこでもよかった。クレメンタインの振る舞いにいらだちを募らせ、それをどうすることもできない自分の無力さが悔しくて、彼女は車のなかで涙をこぼした。数時間後、家に戻った彼女の目は赤く充血しており、後部座席にはKマートで買ったプラスチックのコンテナや二ダースもの布巾が積まれているのだった。ジェーンが戻って来ると、今度はマイケルが逃げ出す番だった。ジェーンのいないあいだクレメンタインと過ごしてぐったりしてしまったマイケルは、何時間もジムで汗を流したり射撃場で銃を撃ったりしながら、アドレナリン過剰の子犬をおとなしくさせるにはどれほどの火薬が必要だろうか、などと考えるのだった。

クレメンタインが手に負えないだけの子犬だったら、私たちは状況にもっとうまく対応できただろう。獰猛な犬だったら殺してしまっていたかもしれない。ミミに頼めば、善良なブリーダーの例にもれず、クレメンタインを引き取ってくれただろう。そして新しい飼い主を探すか、自分で育てるかしてくれただろう。そうすれば私たちはこの辛い状況からきれいさっぱり抜け出すことができた。しかし厄介なことに、ごくたまにとは言えクレメンタインはとてもお利口さんになってくれたのだ。それに昼寝をしている姿などは何とも愛らしい。ある晩、マイケルが言ったことだが、眠っているクレメンタインしか愛せないなら、剝製《はくせい》にして飾りものにしたほうがいいとさえ思った。

生後一年を迎え、クレメンタインは丸々と肥った大柄な子犬に育っていた。ブチの入った毛皮は茶色と金と赤茶が混じり、秋の紅葉を思わせる変化に富んだ色合いになった。ブルマスチフの理想とされる美しさは備えていなかったが、何か個性的な、一風変わった魅力が輝きはじめていた。瞳は明るくきらめき、悪さをしているときでさえ、彼女を突き動かしている奔放な生命力に私たちは感嘆せずにはいられなかった。どれだけ悪さをしようと素行が悪かろうと、クレメンタインは愛情にあふれた犬だった。私たちにどれだけくっついてもくっつきたりないようなのだ。近くに座っているだけでは物足りないらしく、膝の上にまで乗りたがった。いやもっと正確に言えば、私たちの「なかに」入りたがった。まるでドリルで穴をこじ開けるように、私たちの体にぐりぐりと頭をこすりつけるのだ。そしてひっきりなしに膝の上に乗ろうとし、私たちの足をなめ、手当たりしだいに体のあちこちに頭を押しつけた。私たちが入浴しているとバスタブに飛び込んで来るし、横になっているとベッドに潜り込んでくるのだ。

私たちの頑固さにも問題はあったかもしれない。私たちは困難な状況を気楽にやり過ごすタイプの人間ではない。二十六年に及ぶ結婚生活のなかでの艱難《かんなん》にしても、夫婦でいっしょに仕事をするうえでのエゴのぶつかりあいにしても、問題から目をそむけることで切り抜けようとはしてこなかった。私たちは自分たちの粘り強さに誇りを持ち、素行の悪い子犬に決して妥協はするまいと心に決めていたのだった。

どれほど厄介をかけられようと、私たちはクレメンタインを愛していた。親が問題児を捨てられないのと同じで、私たちも彼女を見捨てることができなかったのだ。

パーネル、試験に合格

伝統あるアイビー・リーグの大学のように、ニューヨーク州ヨークタウンハイツにあるガイディング・アイズのキャンパスも、静かで落ち着いた雰囲気に包まれている。低層階の建物がいくつか立ち並び、木陰に彩《いろど》られた芝生が青々と続き、こぢんまりした造りの寮や医療施設、豪邸を改築したオフィスなどが立ち並んでいる。このように穏やかな環境にあるガイディング・アイズだが、そこには大学とは明らかに違う雰囲気が漂っており、どちらかといえば修道院や修道会に似ている。使命と目的意識に満ち満ちた場所なのだ。最高経営責任者のウィリアム・バッジャーからボランティアのケンネル・アシスタントまで、ひとり残らずひとつの目的意識を共有している。すなわち、自分は視覚障害者の人生を変えるためにここにいる、という意識だ。

里親に預けられてから一年半がたったころ、子犬は里親とともにガイディング・アイズを訪れ、イン・フォー・トレーニング・テストと呼ばれる最終テストを受ける。テスト会場には緊張感がみなぎっている。五、六人の里親が犬を連れて一列に並び、生後七週間のときに受けたのと同じような一連のテストを受けるのだ。審査の基準は厳しい。犬を指導する優秀なトレーナーは大勢いるわけではないから、訓練に費やす時間は非常に貴重なのだ。だから盲導犬になれる可能性が相当高い犬だけが訓練の続行を許される。

イン・フォー・トレーニング・テストを区切りとして、子犬と里親の関係は正式に終わりを告げる。里親はこの重大な試験の結果を期待と悲しみの入り交じった複雑な心境で待つのだ。自分が育て上げた犬に誇りをもつあまり、なんとか合格してもらいたいと思う。そしてボランティアを生き甲斐としている善良な彼らは、自分の育てた犬が世のなかに出て、盲導犬という立派な仕事についてくれることを願っている。しかしその一方で、試験に合格すれば別れが待っているのだ。犬はガイディング・アイズに引き取られ、その後新しい飼い主のもとに送られる。二度と会えないかもしれない。十八ヶ月にわたって育て、いまや強い愛着を感じている犬が試験に不合格だった場合、里親はその犬をペットとして飼うこともできる。

ラス・ポストはガイディング・アイズ・フォー・ザ・ブラインドの副校長で、イン・フォー・トレーニング・テストの試験官を務める人物だ。長身で筋肉質な体格の持ち主で、顎が四角く張り、舞台俳優のような大きな声を出す。その存在感にはどの犬もおとなしく注目するほどだが、この日のポスト氏はふだん動物と接するときと違って小道具を持参していた。透明なビニール袋のなかには三二口径のピストルや箱に入れた貝殻、赤と白のストライプのビーチパラソルなどが入っていた。

「子犬たちは知らない場所に連れてこられ、会ったことのないハンドラーに引き合わされました。これだけでもストレスになっているはずです」とポスト氏は言った。「しかし今日はこの状況にもう少しストレスのもとを加えて、子犬たちがどう対応するか見てみましょう。うろたえて逃げ出してしまうでしょうか？　それともストレスを克服できるでしょうか？」

ポスト氏はハンドラーひとりひとりに合図をだして子犬に「お座り」や「待て」、「来い」などの命令を出させた。一年以上も経験豊富な里親のもとで暮らしていながら、なにひとつ学んでいないような犬もいた。あるいははじめて来た場所であまりに気が散ってしまい、覚えたことをすっかり忘れてしまったのかもしれない。犬同士はさかんに吠え合い、嬉しそうに尻尾を振っていた。またお座りの姿勢に見るからに退屈し、そわそわしはじめる犬もいれば、のんきに居眠りをはじめる犬もいた。

パーネルはあからさまに大騒ぎをはじめたりはしなかったが、それまでずっとマシューといっしょに飼われ、あちこちでたくさんの犬と知り合いになった経験から、他の犬ににじり寄ってひと騒ぎ起こしたいという誘惑を抑えきれずにいた。それで、「伏せ」の命令が出たとき、お腹をぴたりと床につけてじっとしたふりをしながらも、匍匐《ほふく》前進する兵士さながら床を這い進み、遊び仲間にじりじりと近づいて行った。ごくごくゆっくり進んでいけば、誰にも気づかれることなく近づいてちょっかいを出せるだろう、そう思っての作戦だった。家や里親クラブの集会でこの作戦を試みたときには必ずダンとスーザンに見つかってしまい、あまり遠くまでは進めなかった。しかしそんなことを繰り返しているうちにパーネルは、手足を伸ばして地べたやリノリウムの床に寝そべっていると、お腹がひんやりして気持ちいいということを知ってしまった。それ以来、黒い毛皮をはおって空を飛ぶスーパーマンさながら、床にぺったり寝そべるのが彼のお決まりのポーズとなった。

ハンドラーはひとりひとり指示に応じて犬を連れて歩き、寮の建物の前面を貫く長い廊下を進んだ。「耳を塞いで！」ポスト氏はそう叫んで見学者たちに耳を塞ぐよう注意し、空に向けてピストルを発射した。これは、突然の物音に対して、子犬がどのように反応するかをみるテストだ。盲導犬になってから犬たちはさまざまな音に遭遇する。ピストルの音でないにしても、独立記念日の花火の音やトラックの排気音などを耳にすることもあるだろうし、バタンとドアを閉める音なども聞くだろう。驚いたことに、突然の大きな物音に対してパニックを起こした犬は一匹もいなかった。次にポスト氏はハンドラーに指示して、犬を自分のほうに歩いてこさせた。犬が近づいて来ると、ポスト氏は後ろに隠しもっていたストライプの傘をふいに引っ張りだし、犬の鼻先で勢いよく開いてみせる。これにはどの犬も仰天したようだった。ひどく怯えてしまい、リードを強く引っ張って後ずさりし、逃げ出そうとする犬もいた。ポスト氏は怯えた犬に手を差し出して優しくなで、暖かく接してやることで犬が落ち着くかどうかを観察した。犬によって反応はさまざまだった。後ずさって様子をうかがってからようやく赤白ストライプのモンスターに近寄り、用心深く匂いを嗅ぐ犬もいた。どうしてもパニックが収まらず、リードをがむしゃらに引っ張って逃げ出そうとする犬もいた。ポスト氏はさらにハンドラーに指示し、犬といっしょに自分の横を歩かせた。そしてすれ違いざまに突然傘を叩いて音をたて、後ろからの異様な物音に対して犬がどう反応するかを見た。

傘を使ったテストは三回繰り返された。たいていの犬は回を重ねるごとに恐がらなくなったが、臆病そうなあるラブラドール・レトリバーなどは、三回目にはポスト氏に近寄ることさえ拒んだ。またある犬は、ハンドラーに引っ張られて恐ろしげな物に近づくにつれ、歯をむいて吠えたて、うなり声をあげた。パーネルを含めて他の犬は、傘は噛みついたりしないと分かったのか、二度目にはさほど恐がらなくなった。そして三度目には、尻尾を振って傘に近づいた。傘が突然開くのが面白くなったのだ。

なにかのゲームかエクササイズのように見えるかもしれないが、ピストルと傘のテストは真面目なテストなのだ。想像していただきたい。あなたが視覚障害者だとして、ハーネスをつけた盲導犬といっしょに町なかを歩く場面を。車の排気音、誰かがコートをばさりと振るう音、買物袋を落として道に食料品がこぼれる音、町にはさまざまな音が満ちている。そんなとき盲導犬が驚きのあまり尻尾を巻いてどこかに隠れてしまったら、あなたは翼を失った鳥のように無力になってしまうだろう。もしくは盲導犬が通りすがりの犬や猫と喧嘩をはじめたり、発情期の雌を見て仕事そっちのけになってしまったらどうだろう。許されないことだ。盲導犬というのは何が起きても動じたり集中力を失ったりせず、単に恐ろしげに見えるものと本当の危険を区別し、どんなときも障害物を乗り越えて主人を誘導できなければならないのだ。

パーネルは無事試験に合格した。一九九六年の八月、フィッシャーオウンズ夫妻は涙にくれながらパーネルに別れを告げ、後部座席が空になってしまった車を走らせて家路についた。パーネルはスー・マッカーヒルとジェシカ・サンチェスの二人のトレーナーから指導を受けることになった。この二人はそれからの四ヶ月間、盲導犬として必要な技能を教えるべくパーネルに厳しい訓練を課し、その後は視覚障害者にパーネルの扱い方を指導することになる。

こうしてパーネルはフィッシャーオウンズ夫妻と別れ、盲導犬候補としての新しい生活に入ったのだが、これは大変な環境の変化だった。二歳にも満たない十七匹の犬たちといっしょに、パーネルはガイディング・アイズのキャンパスにあるケンネルで暮らしはじめた。里親のもとを離れてケンネルで暮らすというのは神経質な犬にとってはかなり辛い経験だろうが、これも盲導犬としての適性をみるテストなのだ。さらに逆説的なようだが、先ざき視覚障害者と暮らすときのために、この経験は犬にとって大きな意義をもつ。里親のもとで二年近くも家庭の暖かみを味わった彼らは、人間に飼われて暮らすことがどんなに楽しいか、十分に知っている。そして四ヶ月ものあいだ味気ないケンネルで暮らし、毎日厳しい訓練を課せられる。それはまるで軍隊に入った青年が味わうような不自由な生活だ。訓練は張り合いがあるし、楽しいかもしれない。しかし訓練を終えて新しい飼い主に引き渡されたとき、犬は以前にもまして家庭の暖かみをありがたがるようになるのだ。

訓練では一匹の犬を二人のトレーナーが担当する。トレーナーは三年間の修業を経た人たちで、忍耐と仕事への熱意、犬への揺らぎない愛情、人々の生活をよくしたいという立派な志に燃えている。パーネルのグループはスー・マッカーヒルとジェシカ・サンチェスが担当した。二人はこのときパーネルのほかに十七匹の犬を訓練し、十二人の視覚障害者を指導した（視覚障害者の数に対して犬が六匹多いが、これはいわば「補欠」で、犬と視覚障害者の相性が合わなかった場合の交替要員だ）。犬は四ヶ月かけて基本的な訓練を受ける。歩道や縁石の歩き方、戸口や障害物の乗り越え方、エレベーターやエスカレーターの乗り方をおぼえ、駅のプラットフォームや混雑した地下鉄の歩き方を習得し、あらゆる乗り物の乗り方をおぼえ、交通機関も歩道もない場所での歩き方を教わる。トレーニングが進むにつれ、トレーナーは負荷を増やし、課題を難しくしていく。見えないところに障害物を置いたり、ジグザグ運転をする車を走らせたり、大きな物音をたてたり、などだ。そして厄介な状況で判断を下せるよう犬を訓練し、行く手にふさがるあらゆる危険を回避するテクニックを教える。こうして四ヶ月のうちに、幼い盲導犬候補は視覚障害者を誘導する技能を備えた一人前の盲導犬に成長するのだ。

駄犬をかかえた善良な飼い主

おそらく私たちはトークショーを見過ぎ、ラジオの人生相談番組を聞き過ぎたのだろう。クレメンタインの問題について考えれば考えるほど、「運動過剰」という言葉が頭から離れなくなった。近ごろ世間では注意力欠如障害という病名がさかんに取り上げられている。悪餓鬼というレッテルを貼られた子供はひとり残らずこの病気に冒されているのではないかと思うほどだ。この病気は体内の化学物質のバランスが崩れたことによって起こり、治療にはリタリンという薬が用いられる。多くの専門家が証言しているが、かつてはみ出し者と呼ばれた子供たちもリタリンのおかげで集中力のある思慮深い人間になったという。

私たちはクレメンタインがハアハア息をしながら同じ場所を行ったり来たりするさまを眺めた。瞳をティーカップほどの大きさに見開いている。かかりつけの獣医に何度も検査してもらったが、いつも健康そのものという結果だった。「どこかおかしいところがあるのかもしれないわ。注意力欠如障害かも」と、あるときジェーンが言った。

「そうかもしれない」。マイケルはどうにでもなれといったふうに肩をすくめた。そして次の日、私たちはニューヨーク州在住の犬専門の神経科医に電話をかけたのである。

私たちは追い詰められた気分でクレメンタインをリードにつなぎ、この医者のもとを訪れた。医者のオフィスの壁には全国の一流の獣医学校から授かった学位賞状がいくつも飾られていた。この人は犬の脳についてなんでも知っている専門家だ。クレメンタインの問題を解決してくれるだろう。私たちはそう思った。

ジェーンは医者と話をはじめるなりこう言い放った。「いい子になってくれないなら、殺してしまうつもりです」

長い沈黙が流れたのち、医者はこう言った。「安楽死させる前に、拝見させてもらいましょう」

私たちはたじろいだ。医者はジェーンの言葉を鵜呑《うの》みにし、私たちが本気でクレメンタインを死なせるつもりでいると思ってしまったらしい。ジェーンは時々大仰な物言いをする癖がある。もちろん医者はそんなことを知るよすがもない。しかしそうはいっても言葉を額面通り受け取られたことで私たちはショックを受けた。たしかにこの数ヶ月のあいだ、いらだちに任せて「クレメンタインなど死んでしまえ」と思ったことは何百回となくあった。しかし本気でそう願ったことは一瞬たりともない。私たちは子犬を殺したくなどない。その点を医者にもはっきり分かってもらいたかったのだが、その前に医者は検査を行うべくクレメンタインを連れて診察室に入ってしまい、私たちはあとに残されてしまった。クレメンタインを見送りながらも、私たちは彼女への愛情を心に誓っていた。

かなり長い時間待たされた。私たちは医者の学位証を何度も何度も読み返し、医学書を読み漁って、問題の解決法が書かれていないかと祈るような気持ちで探した。そうこうしているうちに、医者がクレメンタインを連れて戻って来た。クレメンタインは連れ去られたとき同様、嬉しそうに尻尾を振っている。医者は私たちにリードを渡して、言った。

「健康そのものだと思います。神経系に異常は見当たりませんね。知り合いの獣医を紹介しましょう。コーネル大学を卒業して、いまは自宅で動物のカウンセリングをやっている人です。連絡を取って、診察を受けてみたらどうでしょう。そこで問題が分かれば、薬の投与を検討しましょう。しかし今のところは必要ないと思いますよ」

私たちは受付で四百ドルを支払い、肩を落として病院を後にした。ジェーンは、医者がカルテに「飼い主は犬を死なせたがっている」と記録し、私たちのかかりつけの獣医や地元の愛犬協会に電話してこのことを知らせ、生命の危機にさらされている子犬を守るべく早急に介入するよう依頼するのではないかとハラハラしていた。

しかしそれよりも問題なのは、この医者が問題の解決策を示してくれなかったことだった。クレメンタインの問題は化学物質のバランスの崩れといった単純なものでも、薬を飲めば治るたぐいのものでもなかった。私たちは、駄犬に振り回されるありふれた不幸な夫婦だった。これまで出来のよいペットに恵まれ鼻高々になっていた私たちは、ぐずぐず鳴いたり悪さをしたりする犬の飼い主を軽蔑してきたものだった。家具を噛んでしまう犬、おとなしく座っていられない犬、主人をなめきっている犬、そんな犬の飼い主を。こうした飼い主が愚痴をこぼして、責任は自分たちにではなく犬にあると言うのを聞くたび、私たちは鼻で笑ってきた。しかし今やその自分たちが落ちこぼれ組の仲間入りをしてしまったわけだ。

神経科医のところから戻ると、クレメンタインは台所のごみ箱をあさり、見つかって追い立てられたときにはすでに生ゴミをほとんど食べてしまっていた。そればかりか食べ残したゴミの上を歩き回り、廊下に敷いてある東洋風のじゅうたんのあたりまで汚していた。そして私たちがゴミを片付けているすきに書斎へ駆け込み、歯をむいてルイスを威嚇し、それに飽きると今度は自分のベッドに噛みついて穴を開け、中の詰め物を全部引っ張り出してしまった。夜は夜で、バスケットのなかでほとんど一晩中吠え続けた。

あらゆる知識をかき集め、アドバイスを取り入れ、経験を活かして、この悪魔のような犬の悪戯《いたずら》を治そうとしたが、いっこうにうまくいかなかった。もはや八方塞がりだった。私たちはひたすらスコッチを飲み、耳栓をして、泥のような眠りに落ちていくだけだった。

盲人を導く目

犬が目の不自由な人に与えることのできる一番大きな贈り物は、健常者にとってはごく当たり前とも言える自立した生活である。一九二九年にモーリス・フランクがジャーマン・シェパードのバディーを盲導犬とするまで、視覚障害者はどうしようもないほど無力な存在だった。当時、彼らは哀れな物乞いといったイメージでとられるのが一般的で、道を渡るときでさえ人に頼らなければならなかった。それから状況はかなり改善され、身障者福祉法といった法律ができて、視覚障害者にも健常者と同じ機会が保証されたわけだが、今日に至っても自立した生活を送っているのはごくわずかな人々である。

目が見えないと何もできないという認識はいまだに根強く、当の視覚障害者のなかにもそう思っている人が多い――いやむしろ、彼らのほうが強く思い込んでいるかもしれない。「何年も盲導犬なしでやってきました。盲導犬を飼うなんて、屈辱的だったからです」と、スティーブン・クーシストは言う。彼はガイディング・アイズの同窓会本部の会長を務める人物で、生まれたときから目が不自由だ。「まるで目が見えるかのように歩き回っていました。目が見えないことを打ち消すかのように。白い杖に頼ってね」。スティーブンは三十代後半、革のボンバージャケットを羽織り、センスのよいシャツとネクタイを身に付け、銀縁のサングラスをかけて不自由な目を隠している。スティーブンは大学で英語を教えるかたわら詩や伝記を出版しており、『グラマー』誌に登場したり『プラネット・オブ・ザ・ブラインド』のインタビューに答えて自らの経験を語ったりしてきた。スティーブンが話しているあいだ、コーキーという名の四歳になるラブラドール・レトリバーはオフィスのデスクに腰掛けた主人のそばに座ってじっとしていた。戸口に誰かやってきてスティーブンが出迎えようと席を立つと、コーキーも立ち上がる。スティーブンがハーネスを持っている限り、コーキーは彼のそばを離れない。仕事に集中し、命令を待っているのだ。しかしハーネスがはずされると、それを合図にコーキーは休息を取ってくつろぐ。客にとことこと近寄って匂いを嗅いだり、仰向けにごろりと転がって、柔らかなお腹をなでてもらいたがるのだ。

スティーブンの話によると、五年前にとうとう盲導犬を飼おうと決めたとき、こう思ったそうだ。一体全体、どうして今までこうしなかったんだ？　犬はこんなに可愛いじゃないか！「ガイディング・アイズに入学したとき私は二本足の人間でしたが、今は六本足の生き物ですよ」。スティーブンは、私たちがペットを可愛がるのと同じようにコーキーをなで、いっしょに遊ぶ。しかしそこにはペットと飼い主のあいだの愛情だけではなく、普通の飼い主と犬には及びもつかないような固い絆が結ばれているのだ。「犬が敏感に感じたものがハーネスを介して伝わってくる、それは何ともいえない感覚です。犬が目にしたもの、ある種の知識が伝わってくるんです」とスティーブンは言う。「まるでマジックです。解放された気持ちになるんですよ。不安な日々を何年も過ごしたことを考えると、こうした感覚は言葉につくせぬほどのものです。盲導犬は単なる目の代わりではありません。自由を与えてくれる存在なのです」

盲人にとって盲導犬はどんな意味をもつのか、それはモーリス・フランクの自伝『*First Lady of the Seeing Eye*』に生き生きと描かれている。この本の終盤あたりに、フランクがアメリカ初の盲導犬バディーを伴って最後に外出したときのことが記されているので紹介しよう。

最後の朝、バディーは私の先に立ってアパートから車に案内してくれた。私はハーネスでバディーの体を支えてやらねばならなかった。バディーはもうひとりで立っていられないほど弱っていたのだ。オフィスにつくと、バディーはいつも座っている場所にいようとせず、私のところに何度もやってきた。私のそばから離れようとしないのだ。だから私はバディーをベッドまで連れて行き、横に腰掛けて、愛しいその頭をなでてやった。

窓から差し込む太陽の光に包まれながらも、気高い生き物は寒さに身を震わせていた。私たちはバディーに毛布をかけてやり、優しくなでてやった。最後に、バディーは首をもたげ、涙に濡れた私の顔をいとおしげに舐め、安らかな眠りへと落ちて行った。

私たちはバディーを荼毘《だび》にふし、ハーネスとリードもいっしょに埋めてやった。最後に「いい子だ」と言ったとき、私は悟った。バディーには言葉につくせないほどの借りがある、と。バディーのおかげで私は、彼女がいなかったらけっして挑戦しなかっただろうことに挑戦する勇気を得たのだった。

パーネル、パートナーと出会う

シンディ・ブレアは十八歳のときに病気で視力を失った。盲導犬によって人生がどれほど変わるか、盲導犬がどれほどの自由を与えてくれるか、彼女はよく承知している。夫と十代の息子とともに暮らし、仕出し業を営むかたわら、息子が通う、ロチェスター郊外にあるイエズス会系の高校でPTAの会長を務めている。ところが一九九六年、二匹目の盲導犬ブレントが膀胱炎を患《わずら》ってから、シンディはまたもや不自由な思いをすることになった。膀胱炎は治ったものの、ハーネスがちょうど手術のあとに当たるため、シンディがハーネスを引いたり引っ張ったりしてごく普通の合図を出しただけで、ブレントは痛がって向きを変えるようになってしまったのだ。ハーネスは飼い主と犬とを結ぶコミュニケーションの手段として不可欠のものだ。ハーネスを避けるようになった以上、もはや盲導犬としてのブレントのキャリアはおしまいだった。ブレントは仕事を続けたいと思っていたし、そのつもりでいたが、いやおうなしに若くして引退することになった。そしてペットとしてブレア家に飼われることになった。シンディの最初の盲導犬アンドリューも、体が弱って仕事を続けられなくなって以来十年間、ペットとして飼われた。

「まるで翼の折れた鳥みたいな気持ちです」。シンディは一九九七年一月七日、ヨークタウンハイツにあるガイディング・アイズのキャンパスを訪れ、こう打ち明けた。たしかにシンディは鳥に似ている。小柄で華奢な体形もさることながら、動作も機敏できぱきしており、すきがない。犬なしで動くときでさえ、強い目的意識が感じられる。管理能力に長《た》けた女性で、目が見えないことに落ち込んでいる様子はみじんもない。黒い眼鏡もかけていないから、近くで話して、その鋭い視線を放つ茶色い瞳の焦点がこちらの顔に合っていないのに気づかない限り、彼女が盲目であると思う人はいないだろう。

その冬、三週間の集中研修に参加して盲導犬を得ようと十二人の視覚障害者がガイディング・アイズに集まったが、シンディもそのひとりだった。盲導犬を一匹育て上げるには二万五千ドルもの費用がかかる。しかし視覚障害者はその費用をいっさい負担しない。盲導犬を育て訓練する費用と、その後の生活にかかる費用、さらに引退後の生活費まで、ありとあらゆる費用はすべてガイディング・アイズが負担するのだ。そしてガイディング・アイズの経費はすべて寄付によってまかなわれている。

シンディは自らを「リピーター」と称する。すでに盲導犬を飼った経験があり、ハーネスの扱い方も心得ている、という意味だ。クラスには他にもリピーターが五人いた。それ以外の六人は盲導犬を飼ったことがない。最年少は十八歳、最年長は五十歳で、生まれたときから目の見えない人もいれば、最近病気や事故で視力を失った人もいる。ガイディング・アイズには世界中から生徒が集まる——とくにイスラエルからは戦争によって視力を失った退役軍人が数多くやってくる──が、この一月の研修に参加した生徒はすべてアメリカ人だった。視覚障害者のための研修は年中開催されており、ひとつの研修が修了して次の生徒がやってくるまでのあいだ数日の休みがあるだけだ。この一月の研修に参加した人のほとんどは寒い北部地方からやってきており、北東部の厳しい寒さのなか新しい犬のパートナーとともに屋外を歩く訓練があると聞いてもうろたえた様子は見せなかった。

十二人の生徒は火曜日にガイディング・アイズに到着し、寮の部屋に案内された。寮はほとんどが相部屋である。どの部屋も清潔で片付いており、機能的なしつらえだ。ラジオはあるがテレビはなく、シンダーブロックの壁には一切装飾が施されていない。部屋にはドアが二つあり、ひとつは廊下に面したドアで、もうひとつは外の庭に直接続いている。犬を「パーク（park）」させるのに都合がいいからだ。「パーク（park）」というのはこの学校でよく使われる隠語で、犬を外に出して排泄させることを意味する。「逆から読んでみてください」と、ピンと来なかった生徒に向けて、インストラクターが説明した（パーク（park）を逆から発音するとクラップ（crap）＝糞便となる）。

寮の部屋も食堂のテーブルも高揚した雰囲気に包まれていた。シンディのようなリピーターは新しい犬と早く会いたいと、期待に胸を躍らせていた。他の生徒、たとえばアルバニーから来たボブ・セラノなどはひどく不安げだ。ボブは今まで盲導犬を飼ったことがない。それどころかペットというものを一度も飼ったことがなく、正直な話、動物がそばにいると気持ちが落ち着かないのだという。盲導犬を飼うことで得られる自由には心惹かれるが、うまくやっていけるか自信がないのだ。ボブは背の高いがっしりした体格の男性で、密生した髪の毛をクルーカットにし、ジョギングスーツを着ていた。彼は最近視力を失い、社会復帰するのに動物の力を借りねばならない事態になってかなり動揺していた。

あらかじめトレーニング・スーパーバイザーであるキャシー・ザブリキーと二人のインストラクターは犬たちを細かく吟味し、生徒の情報と照らし合わせて、どの犬をどの生徒と組み合わせるか検討していた。ペアを決める作業は非常に重大だ。盲導犬はこの先十年ほどにわたって主人の目の代わりを務めるのだから。ポイントは、飼い主の要望に合うような性格と身体能力を持った犬を選ぶことだという。「身体能力というのは、だいたいフットワークと歩く速さですね」とザブリキーは言い、ペアの作り方を説明してくれた。「飼い主はバスで移動するか、歩道のある地域に住んでいるか、どのくらいの速さで歩くか、どのくらい頻繁に外出するか、といったことを検討します」。犬の体格も重要な要素だ。犬は主人とつりあうような体格だろうか? 小柄で華奢《きゃしゃ》な人と、体重が五十キロ近くある堂々としたジャーマン・シェパードがペアを組むことはめったにない。同様に、小柄なラブラドール・レトリバーが重量挙げを趣味とする筋骨逞しい男性とペアを組むこともそうはない。ある程度まで、ペアはトレーナーの漠然とした勘をたよりに決められる。彼らにはこれまで多くの犬と人間をペアにしてきた経験があるからだ。

組み合わせたペアに問題がないか確認し、盲導犬を扱う感覚を新米の生徒につかんでもらうために、インストラクターは研修の最初の二日間をかけてユノ・ウォークという散歩に生徒たちを連れて行く(ユノというのはローマの女神で、女性を守る神とされている)。朝食が済むと、生徒たちは防寒コートに身を包み、手袋や帽子、マフラーなどを身に付けて、ガイディング・アイズの二台のバンに分乗してヨークタウンハイツの村に向かった。バンはモールの正面の一角にとまった。交通量はほどほどで、近くに交差点が二つあるが、歩行者はあまりいない。ひどく寒い日だった。バンのテールパイプからは排気ガスがもうもうとあがり、生徒はひとりひとり車から出て歩きはじめた。

ユノ・ウォークでは、トレーナーは生徒にハーネスの端を持たせ、自分は犬の役を演じる。四つんばいにこそならないが、ハーネスの犬の背に固定される部分を持って、犬がするように主人をリードして歩くのだ。しかし犬と違って言葉を話し、ハーネスを握っている主人に向かってしてはいけないことやすべきことを指示する。トレーナーは、道で遭遇する事柄に対して犬がどう反応するかよく心得ている。何といっても四ヶ月ものあいだ苦労して犬を訓練してきたのだ。おかげで犬たちは、適切な合図さえ出されれば、百パーセント信頼できる盲導犬に成長していた。

人間であるトレーナーがハーネスをつけて盲人をリードしている、というのは奇妙な光景である。知らない人が見たら、仰天するかもしれない。トレーナーのスー・マッカーヒルは明るいブロンドの髪を持った筋肉質の女性で、アフリカ系アメリカ人のヘンリー・タッカーをリードしていた。バスの停留所付近の歩き方を指導している最中、スーはわざと停留所の囲いに向かって歩き、ヘンリーが壁にぶつかるよう仕向けた。失敗から学んでもらうためだ。バス停にはターバンを巻いた黒人の老婆がいたのだが、彼女が息を飲んでこう叫んだ。「あんた、なんでその人を壁にぶつからせるのよ？　わかんないの？　その人、目が見えないのよ！」老婆に罵《ののし》られながらも、スーはヘンリーを連れて壁を迂回し、道を進んだ。スーには老婆の言葉に傷ついている暇はなく、ユノ・ウォークが一般の人の目にどれほど奇怪に映るか考えて笑い飛ばす余裕もなかった。

研修の二日目、ガイディング・アイズの食堂はいつにもまして賑《にぎ》やかだった。学期がはじまった最初の週の高校のカフェテリアのようである。十二人の生徒たちは午後の一時に犬と引き合わされることになっており、期待に胸躍らせていたのだ。ソーシャルワーカーで音楽家でもあるクレイグ・ヘッジコックなどはスプーンとフォークでテーブルをたたき、リズムを刻んでいる。テーブルをまわっては新しい友人たちと話をし、どんな犬がもうすぐ自分のものになるか、おしゃべりに花を咲かせる人もいる。

その後、十二人の生徒たちは食堂の近くのキャンベル・ラウンジに集合し、壁際に並べられた椅子に腰掛けた。ヘッド・トレーナーのキャシー・ザブリキーが簡単な説明を行う。ザブリキーはさっそうとした印象の女性で、百年前に生きていたらモンタナで農場をきりもりする女主人にでもなっていただろう。ザブリキーは暖炉のそばに座り、その両脇をジェシカ・サンチェスとスー・マッカーヒルがかためた。サンチェスとマッカーヒルは前の年の九月から十八匹の犬たちの訓練を担当しており、ありったけの知識と直感を駆使して犬と視覚障害者のペアづくりに頭を絞ってきた。クラスの生徒のひとりが、待ちきれないといった調子でにやりと笑い、思いついたジョークを口にした。「これがほんとのブラインド・デートだね」

ジェシカとスーはクスクスと笑ったが、表情はこわばっている。十二組のブラインド・デートをセッティングすることの、恐ろしいほどの責任を感じていたからだ。二人ともブラインド・デートがうまくいくかどうか心配で仕方なかったが、それは仕事にたいする責任感や、視覚障害者を助けたいと思う気持ちばかりが理由ではなかった。四ヶ月にわたって訓練を続けるうちに、彼女たちは犬に深い情を感じるようになっていたのだ。それぞれの犬にどんな長所があり、どんな欠点があり、どんな癖があるか、二人はすべて知っている。声の命令やハーネスによる合図にどんなふうに反応すべきか教えるなかで、二人は犬に無数の課題を与え、それをクリアさせてきた。これから待ち受けている日常生活でのあらゆる事態に備えさせるためだ。混雑したショッピングモールに行ったとき、飼い主をリードしてどのようにエスカレーターを乗り降りするか、犬たちはその方法を教わった。また町なかの交通量の多い道をラッシュアワー時に渡ったり、電車が頻繁に行き来する踏切を渡ったり、森のなかの狭い木橋を渡ったりする練習もした。ワールドシリーズのあと、ヤンキーズの優勝パレードに加わって、紙吹雪の舞い散るなかを歩いた犬もいる。どの犬も盲導犬として立派な働きを見せてくれるはずだ。スーもジェシカもそう確信していた。とはいえ彼女らの様子は、ハンサムで行儀のよい息子たちが軍隊に入るのを誇らしげに見守りながらも涙にくれる二人の母親のようだった。

「私たちは今日この日を『折り返し地点』と呼んでいます」とザブリキーは集まった生徒たちに説明する。「犬たちは里親のもとからガイディング・アイズのケンネルに移りました。ファミリーを離れて群れの社会に移ったのです。この環境の変化はそれぞれの犬にとってそれなりに辛いものだったでしょう。ケンネルに移った後はインストラクターと引き合わされ、四ヶ月のあいだ訓練を続けてきて、毎日何をするか、毎朝誰に挨拶するのか、もうすっかり習慣になっています。ところがまた環境が変わるわけです。みなさんとの出会いです。きっと犬たちは混乱するでしょう。でもうまくいくはずです。犬は人を喜ばせるのが好きですから。誰かと深く結び付いていたいのです。その『誰か』とはみなさんです。インストラクターがこれからすべきことは、犬への未練を断ち切ることです。時間はかかるでしょう。でもみなさんのすべきことはそれより簡単ですよ。ただ愛情を注いでやればいいのですから」。ザブリキーはここで長い間をとり、生徒たちに自分の言葉を噛みしめる猶予を与えた。

ザブリキーは説明を続け、犬と対面したら、しばらくは何もかも控え目にするよう指導した。「命令はいっさい試さないこと。排泄やそのほかのしつけなども厳しくしないこと。二、三日のあいだは私たちが悪者になります。叱ったり、注意したりはすべて私たちがやりますから。みなさんはひたすら犬との絆を築くことに専念してください」

ザブリキーが話しているあいだ、何匹かの犬たちが外の芝生で遊びはじめた。追いかけっこをしたり、アシスタント・トレーナーが投げたボールを追いかけたりしている。しかし部屋の引き戸のガラスは分厚く、なかにいる生徒にその音は聞こえない。ましてや彼らは犬たちの姿を見ることはできない。彼らにとって犬はまだ謎の存在なのだ。そして犬たちも、これから新しいパートナーと出会い、まったく新しい人生が始まるなど、予想だにしていないのである。

犬に引き合わされる前に、生徒たちの緊張をほぐそうと、ちょっとしたゲームが行われた。自分とペアになる犬の名前を当てるゲームだ。

ザブリキーは、ニューヨーク州ウェスト・セネカからやってきたリピーターのミューリー・ディモンの名を呼び、こう言った。「あなたの犬は黒いラブラドール・レトリバーです。雄で、名前は紅海を二つに分けた人物の名に似てます」

「モーゼですか?」ミューリーが尋ねた。

「おしいわ。答えはモーゼリーよ!」スーが大きな声で答えた。スーとジェシカはとりわけこのモーゼリーがお気に入りだった。モーゼリーは繁殖コロニーの生み出した犬というより天からの贈り物といった存在で、優しさと深い思いやりと知性を備えたなんとも素晴らしい犬だった。生後七週間目の適性検査のときには、「ビッグ・スウィート・パップ(愛らしい大きな小犬)」と評されたほどで、よく訓練された責任感のある成犬に成長した今も、その表現はモーゼリーにぴったりだった。

つづいて呼ばれたクレイグ・ヘッジコックは隆々とした筋肉を誇る若者で、大学のレスリング選手権で上位にランキングされるほどの実力を誇っているが、これまで犬を飼った経験がない。「宅配便の会社でウェルズ何々という会社がありますよね」。ザブリキーが尋ねた。「その何々のFをVにかえてみて」

「ヴァーゴ(Vargo)ですか?」クレイグが尋ねる。

「あたり!」ヴァーゴの訓練を担当したスーが答える。

「ヴァーゴ」。クレイグは繰り返した。「いい名前ですね!」

「さてエザー、ブロードウェイで上演されているショーで、何々ビクトリアというのがあるわね。あなたの茶色のラブラドール・レトリバーはその何々と同じ名前よ」

「ビクターですね!」エザー・アチャは嬉しそうに答える。

自分の犬が茶色のラブラドール・レトリバーで、名前はイーグルだと聞かされたとき、ボブ・セラノは感極まったように言った。「茶色のラブラドール・レトリバーがほしいと思ってたんです！」

クイズは続く。「リネット、『スター・トレック』って知ってる？」ザブリキーが尋ねた。

リネット・スティーブンスは生まれながらに目が不自由で、すでに盲導犬を二匹飼った経験がある。子供のように小柄で、少女のような声で話す女性だ。テレビ番組の『スター・トレック』のことはよく知っていると、リネットは答えた。この名前当てクイズでは、流行のものがどんな姿形をしているか、視覚的な知識が要求されたが、こうしたもっぱら視覚的な流行ものに関して彼らは目の見える人と同じくらい詳しいようだった。

「あなたの犬の名前は、『スター・トレック』のキャプテンと同じよ」

「まあ、なんてこと！」リネットは言い、顔をほころばせた。「親友の名前もカークっていうんです。まさか私の盲導犬の名前が自分と同じなんて、彼、思ってもいないでしょうね」。あとでリネットが話してくれたのだが、カークも目が不自由で、さらに平衡感覚にも問題があるという。カークの盲導犬はザブリキーの夫のテッドが特別に仕込んだ犬で、盲導犬としての仕事の他に平衡感覚を保つ手助けをしてくれるそうだ。

やがてシンディ・ブレアの番が来て、ザブリキーがこう質問した。

「シンディ、『ボナンザ』っていうテレビ番組をおぼえてる？」

シンディはうなずき、ザブリキーが次にどんな質問を投げかけてくるか耳をそばだてた。

「長男の役を演じていた俳優はなんていう名前だったかしら？」

「ホス？」シンディの代わりに誰かが答えた。

「はずれ」ザブリキーが答える。「何々ロバートです」

「パーネル？」シンディが尋ねた。

「そう、パーネルです！」

「パーネル」。シンディは繰り返した。名前が分かった喜びに表情が輝いている。「パーネル」。シンディはもう一度静かに繰り返した。名前当てクイズが続くあいだ、シンディは何度も何度もパーネルという言葉を繰り返し、ひとり笑みを浮かべた。


名前当てゲームが終わり、生徒全員に自分の犬の名前を教え終わると、ザブリキーが冗談を言った。「犬がいらないという人はここに残ってください。それ以外の人、犬と対面したい人は部屋を出て待機していてください。私たちがひとりひとり名前をお呼びします」。十二人の生徒は部屋を出て廊下に集まった。手探りで進んで、喫煙者のために片隅にしつらえた小さな休憩室に落ち着き、タバコに火をつけて深々と煙を吐き出す人もいる。そのほかの人は廊下にかたまり、自分の名前が呼ばれるのを待った。

スーとジェシカが放送用のスピーカーから生徒の名を呼んだ。生徒は犬との対面を控えて緊張していたが、スーやジェシカ、ザブリキーとてそれは同じだった。盲導犬が飼い主にとってどれほど重要な存在か、むしろ彼女たちのほうがよくわきまえている。生徒たちの不安を和らげるためだろう、スピーカーから流れる案内は素《す》っ頓狂《とんきょう》だったり、馬鹿馬鹿しいものだったり、オーバーなほどロマンチックだったりした。

「スペンサー、ああスペンサー、キャンベル・ラウンジで誰かがをあなたを待っているわ」と、ジェシカがせつなげな声で言う。「行って、会ってあげて。リードを忘れないでね……でも白い杖はいらないわよ」

「こんにちは」。今度はスーの声だ。「僕の名前はヴァーゴです。キャンベル・ラウンジで待ってます。クレイグへ」

名前を呼ばれたクレイグは広々としたキャンベル・ラウンジに入って片隅の椅子に腰掛けた。雄のジャーマン・シェパード、ヴァーゴはスーといっしょにもう一方の壁際に控えている。スーは立ち上がり、前へ進めの命令を出した。クレイグのそばにはジェシカが立っており、ヴァーゴは彼女を目指して進んでいく。しかし微かな動作と目に見えない合図によって、二人のトレーナーはヴァーゴの目標をずらし、クレイグのもとに行くよう仕向けた。クレイグは椅子の手すりにもたれていたが、ふいに犬の暖かい吐息を鼻先に感じ、椅子から滑り落ちてしまった。ヴァーゴに触れた感動で、大柄なレスラーは腰砕けになってしまった。ヴァーゴは身をくねらせながら喜びを表現し、クレイグの顔中をなめまわした。

「ヴァーゴは繊細で優しい目をしてるのよ」とスーが言った。「胸には十字に白い線が入っているわ」

クレイグは床に寝そべり、ヴァーゴともつれ合っている。泣き笑いの状態だ。それでもなんとか「メロメロですよ」と言い、はしゃぐ犬といっしょに転げまわった。

クレイグはスーに助けられながらヴァーゴの首輪にリードをセットし、並んで部屋を出て行った。

「いま行きます。いま行きます」。自分の名前が呼ばれると、アリソン・ドーランは廊下をあとにし、コーリーンに会いに行った。

「コーリーンもあなたと同じようなブロンドよ」。スーはアリソンに言った。「お腹は白に近い色ね。とても大きくて丸い目をしているわ」。アリソンは茶色のラブラドール・レトリバーを抱きしめた。涙が頬を伝っている。やがて彼女は背筋を伸ばし、手探りでコーリーンの首輪を確かめて、リードを固定した。アリソンとコーリーンが並んで部屋を出ていくのを見送りながら、スーの顔は誇らしげに輝いていた。申し分ないカップルだ。そう思って、スーは思わずこう声をかけた。「お二人さん、もうはや、お似合いね！」

つぎはミューリリー・ディモンを呼び出す番だったが、ジェシカ・サンチェスはすでに必死で涙をこらえていた。「つらいわ。モーゼリーは特別な犬なんです。飼い主のためには喜んで死ぬ犬なんですもの。人を楽しくさせる力があるんです。どんなに機嫌が悪くても、あの子といると心がなごみました」。ミューリーリーと対面すると、モーゼリーはあふれんばかりの愛情をこめて飛びかかった。ミューリリーのきれいにセットされた髪はモーゼリーの濡れた鼻先でくしゃくしゃに乱され、激しい津波のように頭の片側に突っ立ってしまった。モーゼリーはミューリリーの顔をなめ回した。ミューリリーも、はじめこそすさまじい愛情表現に圧倒されたが、椅子から崩れ落ちて床に座り込みながらも、モーゼリーの首をいとおしげに抱きしめた。何か言おうとしたが、言葉が出てこない。そして立ち上がり、洋服の乱れを何とか直し、指で髪型を整えた。もともと感激屋のジェシカは言葉を失い、声もなくすすり泣きながら、お気に入りの犬が部屋を出ていくのを見守った。「とてもお似合いよ」。沈黙を打ち破るかのように、ザブリキーがミューリーに声をかける。

感極まって、ジェシカは涙をこぼした。そしてティッシュペーパーで洟《はな》をかみつつ「ああ、なんて辛いのかしら」とつぶやいていたが、シンディ・ブレアが部屋に入ってくるまでには何とか冷静さを取り戻した。シンディがやってくると、ジェシカとスー、そしてザブリキーはそろって「ハッピー・バースデー」の歌を歌いはじめた。シンディは思いもかけない展開に息をつめた。そして椅子の端に腰掛けた。新しい盲導犬パーネルが反対側の壁際に待機しているのを、彼女は感じた。

「名前を呼んであげて」。スーが促す。

「そしたらそっちへ行くわ」とジェシカ。彼女はパーネルの首輪をつかんでいる。

「パーネル……」。シンディは息がつまってしまい、小さな声しか出ない。パーネルにはその声が聞こえたが、ジェシカはまだパーネルを押さえたままだ。もっと大きな声を出さねばならないことは、シンディも承知していた。「パーネル!」シンディは叫んだ。ジェシカが手を離すと、パーネルはゆったりとした足取りで部屋を横切り、シンディの腕のなかに飛び込んだ。シンディはパーネルを抱きしめてキスし、パーネルはシンディの顔をなめた。「小さいわ」とシンディは言い、手慣れた手つきでパーネルの全身をなで回した。「小さいでしょう?」インストラクターたちは答えない。犬との対面の際には容貌についての細かい情報は語られないことになっている。与えられた情報に頼るのではなく、生徒自身が犬と接し、犬に触れ、感じることによってそのイメージを作り出していくよう促すためだ。またこうすれば、「私の犬はあなたの犬より大きい」といったような、生徒同士が犬を比べ合う事態も避けることができる。

「ああ、ありがとう」。シンディが言った。「ありがとう、ありがとう、ありがとう」。ジェシカはシンディに付き添って部屋を出て行ったが、戻ってきたときにはまるで輸血が必要なほど憔悴しきった表情をしていた。午後になってから感情が高まりっぱなしで、すっかり疲れきってしまったのだ。茶色の長い髪の先が涙で濡れている。毎回こんなふうに感動的なんですか、と尋ねると、三人のトレーナーはただうなずいた。口をきくのも億劫《おっくう》なほど疲れていたのだろう。

生徒たちはこの日、四本足の相棒をはじめてベッドの傍《かたわ》らにはべらせて眠り、翌金曜日の朝六時、スピーカーから流れるスー・マッカーヒルの声で目を覚ました。「おはようございます！　犬に排泄させ、餌をあげる時間です」

その日の朝食のテーブルで、ついこのあいだまで見ず知らず同士だった十二人は昨晩のブラインド・デートの様子を報告しあい、おしゃべりに花を咲かせた。

「夜中の三時に濡れた鼻先を顔に押し付けられたわ！」アリソン・ドーランは打ち明ける。

「モーゼリーときたら、一番乗りで外に出てうんちとおしっこをしたよ」と、ミューリー・ディモンは誇らしげだ。モーゼリーが一番乗りだったとどうして言えるのかは分からないが、彼の確信に満ちた言葉にだれも異議をとなえようとはしない。生徒もスタッフもみな、ミューリーが飼い主としての誇りを感じていることを喜ばしく思っているのだ。

「ヴァーゴがこっちを見ていると、見てることが分かるんです」と、クレイグ・ヘッジコックは言う。

「このヴァローときたら、ワイルドな奴なんです」。ヘンリー・タッカーは彼のジャーマン・シェパードのことを評する。そのヴァローはヘンリーの足にもたれかかっており、自分がそばにいることを知らせるポーズをすでに定着させたようだ。ヘンリーは優しい話し方をする穏やかな人物で、一方のヴァローはおとなしく座っているのが少々苦手だった。何といっても活力に満ち満ちた若いジャーマン・シェパードなのだ。いいところを見せびらかしたくてうずうずしているのである。しかし親から受け継いだ血筋や訓練を通じて、自分の性格を新しいパートナーののんびりした性格に合わせる術も心得ている。この日、生徒たちはホワイトプレインに遠足に出かけて、簡単な歩道のルート——左折を二回重ね、回れ右をしてバンの駐車してある場所まで戻ってくる。犬たちにとってはおなじみのルート——を試しに歩いてみたのだが、ヴァローとヘンリーのペアは百点満点のできだった。これまで盲導犬を飼ったことのないヘンリーは、はじめて来た場所をいとも簡単に歩けたことに感激していた。ヴァローも、道を先導する役目を楽しんでいた。本能を存分に働かせ、訓練の成果を発揮するときが来た、とばかりに。そして彼は見事にその役目を果たした。犬も誇らしげに微笑むものなら、このときのヴァローの表情はまさにそれだった。このジャーマン・シェパードにとっては、万事おちゃのこさいさい、だった。

ボンデージ風しつけ術

　クレメンタインは依然としてなにひとつ正しい振る舞いができなかったが、どうすれば行いを改めさせられるか、私たちはまったく手掛かりをつかめないままだった。犬専門の神経科医に相談したものの、何の特効薬ももらえなかった私たちは、この医師のアドバイスにしたがって獣医であり行動学者でもある女性にコンタクトをとってみることにした。我が家を訪問するに先立って、この獣医は長々とした質問状を送ってよこし、一週間にわたってクレメンタインとのやり取りをすべて詳細に記録しておくよう指示してきた。

　七日後、獣医が我が家にやってきた。神妙な顔つきの小柄な女性で、銀縁の眼鏡をかけている。コーネル大学で獣医学の博士号を取得したということだった。犬の精神医学にかけても優秀な専門家なのだ。そんじょそこらにいる自己流のトレーナーとは比べ物にならない。そう私たちは思った。獣医は午後の数時間をかけてクレメンタインが悪戯を繰り返すのを観察し、帰って行った。追って考察結果を郵送するので、それをもとに話し合おう、ということだった。そして獣医は私たちが記入した質問状とクレメンタインを観察しながらつけたメモを分析し、問題を検討したうえで、しつけのプランをあみ出したのだった。

専門家として彼女が出した診断は、クレメンタインは大変な厄介者だということだった。薬が必要なほどの精神異常だと断定はできないが、人を腹立たしい気持ちにすることときたら最悪のレベルだ、と。しかしこの程度の診断なら、私たちだって下せただろう。しかも無料で。「クレメンタインは、普通のブルマスチフが当然すべきことがどんなことなのか、まるで分かっていないようです」。獣医の分析はこんな調子ではじまった。つづいて十一段階から成るしつけプログラムが理路整然と並べられていた。プログラムの要《かなめ》となる小道具として紹介されたのは、ボンデージ愛好者が身に付けるような装具である。犬の頭部と鼻面を包み込むような、込み入った形をしたひもつきのマスクで、犬に服従の姿勢を教えこむための用具だという。

獣医はクレメンタインと私たちとの一日を細かにスケジューリングしており、これでは仕事をしたり食事をとったり眠ったりする時間が少しでもあるのか、と疑ってしまうほど過密なものだった。基本的に、クレメンタインがSMスーツに拘束されているあいだ、私たちもクレメンタインにべったり付き合っていなくてはならないのだ。とはいえ、子犬に振り回される生活からなんとか抜け出したいと切望するあまり、私たちはこの計画を実行してみることにした。

獣医の計画によると家の中もリフォームが必要ということで、私たちは台所の床に特注のタイルを敷き詰めた。「排尿しても構わない床をクレメンタインにおぼえさせる」ためだ。獣医からの指示は他にもあった。朝、太陽の昇るずっと前に起床して、バスケットの中を排泄物で汚される前にクレメンタインを外に出してやること。家中のじゅうたんをクリーニングに出し、クレメンタインの尿の匂いを取り去ること。散歩の時間をもっと長くすること。とくに朝、長い散歩に連れて出ることを強くおすすめする、などなど。

私たちはじゅうたんをクリーニングに出して悪臭を取り去り、台所用に特注のタイルを取り寄せた。そしてクレメンタインにマスクを装着させた。その姿はまるで感謝祭の七面鳥のようだったが、それでも私たちは、新入りをしごく海軍の教官でさえ音《ね》を上げるような長い散歩に出るとき以外、マスクははずしてやらなかった。しかし、この厳しいしつけ法を実行しはじめて三日もたつと、クレメンタインも私たちもつくづく嫌気がさしてしまった。私たちはクレメンタインが可哀想でならなかった。馬鹿げたボンデージもどきのマスクを付けられ、大きな丸い瞳をひものあいだから覗かせて私たちの顔をみつめているのだ。「こんなしつけ法は嫌だよ」。ついにマイケルが言った。

ジェーンも同感だった。獣医の用意したプランを実行しはじめて一週間目、私たちはこの過剰なまでに徹底したしつけ法を放棄した。厄介な子犬を更生させるための計画は、またしても失敗に終わったわけである。

いずれにしてもボンデージ風のマスクには効果はないようだった。知恵者のクレメンタインは、マスクをしたままで悪さをする方法をあみ出したからだ。ひものあいだからクリーニングしたてのじゅうたんを噛んだり、腹話術師さながら唇を動かさずに吠えたりするのである。『羊たちの沈黙』のレクター博士にトリックのひとつやふたつ教えられそうな器用さだった。

その後、例の獣医からは三百五十ドルの請求書が届いた。これにはクレメンタインのマスクの料金は含まれていない。ましてやじゅうたんのクリーニング代や台所に取り付けた「排泄しても構わないタイル」の代金も含まれていない。この一件にかかった出費は合計すると千五百ドルほどになるかと思われる。いやいや、そのほかに衛星受信アンテナのリモコンを新調するのにかかった九十五ドルもある。古いリモコンは、クレメンタインがマスクの隙間から噛んで粉々にしてしまったのだった。

犬がいれば、どこへでも

ガイディング・アイズでの研修も一週間が過ぎたころ、それまで起床の合図に寮のスピーカーから流れていたスー・マッカーヒルの平凡な放送にかわり、クレイグ・ヘッジコックがトランペットでファンキーなメロディーを演奏するようになった。クレイグとヴァーゴときたら息もぴったりなんですよ、とスーは言う。クレイグはかねてから大きな犬が欲しかったそうだ。幼いころ、まだ目の見えていたころに、アラスカン・マラミュートを飼っていたことが影響しているようだ。クレイグほど大柄で力の強い人には、その歩調に合わせることができ、ハーネスにひきずられないほど丈夫な犬が必要となる。ヴァーゴは大型のシェパードだったため、こうした条件をみごとに満たしていた。実際のところ、犬と生徒との組み合わせはどれも正解だったようだ。ただしボブ・セラノは犬との生活に慣れるのにまだかなり苦労しているようだったが。スーによると、どのクラスにも卒業が危ぶまれる生徒がかならず何人かいるという。ボブはとても犬を恐がっていたため、トレーナーにとっても一番の気がかりだった。トレーナーたちはボブとイーグルのペアをとくに念入りにケアしてやっていたが、それでもボブはときどき冗談半分に、タクシーを呼んで家に帰ろうと思っている、などと弱音を吐いたりした。イーグル（茶色のラブラドール・レトリバー）のせいじゃないんです、とボブは言う。今まで犬と生活をともにしたことがなかったから、と。イーグルをなで、話しかけ、いっしょにいる、そんなことさえもボブにとってはまったく新しい経験で、優れた犬の目に頼って真っ暗な世界を歩く方法を学ぶのと同じくらい未知の体験だったのだ。

一月十七日、金曜日。それまでの一週間、ホワイトプレインとヨークタウンの歩道を歩く練習をした生徒たちは、この日はじめて遠出をした。午前九時半、生徒たちは犬に導かれ、洞窟を思わせるジェファソン・バレー・モールの内部に入って行った。この時間だとほとんどの店舗はまだ開店しておらず、モールのなかは比較的すいていたが、通路は早朝の人々の動きでさまざまな音が響きあっており、方向を定める視力を持たない人にとっては困惑する状況だった。しかし今や彼らには犬という味方があった。

シンディ・ブレアは指輪をはずしていた。新しいハーネスを使っているため、指輪をしているとハーネスの硬い革があたって指が痛むからだ。シンディとパーネルはもうずっと前からペアを組んでいるように見えた。「パーネルはほんと小柄なの」とシンディは言う。「思っていた以上よ。このあいだ誕生日の声明を発表したの。『ブレア一家はパーネルを家族の一員として歓迎することをここに発表します』って」

「パーネルにかんしては全く心配はしてないわ。でもブレントの気持ちを考えると可哀想で。ブレントはこれから特別に可愛がってあげなければ。パーネルが我が家に来たのは、なにもブレントが仕事を続けられなくなって、それを埋め合わせるためなんかじゃない、って分かってほしいから。でもそれにしてもブレントは辛いでしょうね。もう盲導犬として働けないんですもの。これからはレストランやビルのなかにもいっしょに入れないわ。今まではずっといっしょだったのに。もうただのペット。私のお供はパーネルの仕事になってしまったの」

引退した犬を隠居生活に落ち着かせるのはなかなか難しい。しかしシンディには経験があった。一匹目の盲導犬（アンドリューという名の大きなラブラドール・レトリバー）が弱ってしまって仕事を続けられなくなり、ブレントにあとを譲ったときだ。「最初の盲導犬というのは初恋の相手みたいなものよ」とシンディは言う。「何があっても、忘れられないの。今までの人生で一番辛かったのは、アンドリューの里親に手紙を書いて、アンドリューを安楽死させたことを知らせなければならなかったときね。アンドリューは十四歳だったわ」

シンディはモール内を散策しながら気持ちを躍らせていたが、同時にじれったい思いも抱えていた。「ここにいると辛いわ。だって、私は買物客なのよ。でも『だめだめ、ここに来たのは買物するためじゃなく、歩く練習をするためです』って言われてるの」。ジェシカ・サンチェスがそばを歩いて見守るなか、シンディとパーネルはハンドバッグを売っている店の横を通り過ぎた。「うーん……革の匂いだわ！」シンディは革の心地好い香りをかいで嬉しそうな声を上げた。

シンディとパーネルがエスカレーターに近づくと、ジェシカは声をかけた。「さて、練習の成果を見せてちょうだい」。パーネルは訓練されたとおり速度をゆるめた。「靴の裏で金属のプレートを確認して」とジェシカがシンディに言う。「少し待ってパーネルに考える時間を与えて。手すりの曲がった部分を確認したら、歩きはじめて」。シンディとパーネルは手慣れた様子でエスカレーターに乗った。パーネルは柔らかい足の裏を金属のごつごつした部分からうまい具合にずらしてエスカレーターの階段の上に乗せている。「満点よ！」ジェシカが歓声をあげた。

ジェシカとスーが生徒ひとりずつに付き添ってモールを歩き、エスカレーターの乗り降りなどを確認しているあいだ、残りの十人はピアシング・パビリオンのむかいにあるベンチに腰掛けて待機していた。犬たちはモールの通路に響くざわめきに落ち着かない気分らしく、歩道を歩くときよりもそわそわした様子を見せた。クレイグのヴァーゴなどは匂いをかぎながらベンチの下に潜り込み、足にリードを絡ませてしまったが、クレイグといっしょになんとかほどいて元通りになおした。

「子供がその犬をなでたがってるんですけど、かまいませんか？」ひとりの女性がボブ・セラノに尋ねた。

ボブは困惑した表情を見せた。自分が犬の飼い主であるということがまず奇妙に感じられたのに加え、ガイディング・アイズで教わったルールを思い出さねばならなかったからだ。誰かが盲導犬と遊びたがったとき、どうすれば失礼に当たらないよう盲導犬への接し方を教えることができるか、というルールである。また盲導犬が仕事に対する集中力を失わないように配慮することも大切だった。

「いまは仕事中ではないわけだから」とボブは言った。「大丈夫だと思います」。子供に茶色の毛皮をなでられると、イーグルはその子の顔をなめてこたえた。「ガイディング・アイズでは、一般の人に対してそつなく振る舞うように指導されました」。親子が行ってしまうとボブはこう説明した。「ハーネスにつながれていなければ、犬を触らせてやってもいいんです。つながれているときは仕事中ですからだめ」。親子の姿が見えなくなると、ボブは手を伸ばしてイーグルの肩をとんとんと叩いた。探るように伸ばしたその手つきは、イーグルがまだそこにちゃんといてくれるか確信できない気持ちを代弁しているようだった。

主人の命令に逆らうことの重要性

盲導犬になる犬は、命令に逆らうという高度な能力を持ち合わせていなければならない。たいていの子犬は訓練によって命令に従うことをおぼえるが、優れた盲導犬は時として命令を拒絶することを知っていなければならないのだ。モーリス・フランク著の『*The First Lady of the Seeing Eye*』の冒頭には、「危機一髪で命を落とすところだった」エピソードが紹介されている。フランクがホテルの廊下からエレベーターに乗ろうとして「すすめ」の合図を出したところ、バディーはその命令を拒否した。フランクは急いでおり、バディーが動こうとしないので、ハーネスから手を離してひとりで歩きはじめた。ところがバディーはフランクの前に立ちふさがり、先に進ませまいとするのだ。その直後、フランクの後ろでメイドが叫び声をあげた。エレベーターのドアは開いていたのだが、そこにエレベーターは来ていなかったのだ。バディーは前に進めという主人の命令に逆らった。そうすることによって主人がエレベーターの上に転落することを防ぎ、命を救ったのだ。

視覚障害者の多くが同様の経験を持っている。盲導犬があえて命令に逆らってくれたおかげでトラブルを免れた、という経験だ。スティーブン・クーシストは、コーキーのおかげでジープにひかれずに済んだというエピソードを披露してくれた。「トレーニングをはじめて最初の週のことです。なかなか順調に進んでいると思ったので、道を渡ってみようと思ったんです。コーキーに命令を出して、前に進ませようとしました。ところがコーキーはふいに立ち止まってしまったんです。私はじりじりしました。先に進みたかったんです。しかしコーキーは正しかった。そのとき私たちの鼻先をかすめて車が猛スピードで走り過ぎていったんです。なるほどそうだったのか、と納得しました。私たちは犬を信頼しなくてはいけないんです。私とコーキーのあいだには絆が生まれました」

生徒が犬とのあいだにこうした信頼関係を築けるようにと、スーとジェシカは全員をヨークタウンハイツに連れて行き、往来の激しい道路を横断させた。それがうまくいくと、今度はガイディング・アイズのキャンパス内を歩かせ、車道を渡らせたり、駐車場を横切らせたりした。アシスタント・トレーナーたちは車を操り、わざと生徒を跳ねんばかりの暴走運転をする。しかし訓練の行き届いた盲導犬はそのたびに状況にうまく対処した。そして生徒のほうも、健常者が自分の視力に頼るように、盲導犬に頼ることを学んでいったのである。

「盲導犬はいわば空港の管制官です」とスティーブン・クーシストは言う。「優れた盲導犬というのは大きな責任を負う能力を持っていて、百パーセント信頼できます。九十九パーセントでは不十分なんです。盲導犬はあらゆるものに目を配っていなければなりません。車の流れ、信号無視をして走っていく車、並列駐車をしている車が発進しようとしているところ。こうしたこと全体を同時に認識しなければならないのです。さらにメトロポリタン劇場に行けば、数百人の聴衆に混じって座席の下にうずくまり、三時間ものあいだおとなしくしていなければなりません。こうした外界からのプレッシャーを克服するのはもちろんですが、飼い主が怯えて不安になり、自信を失っている場合には、それにも対処しなければならないのです」

卒業式の二日前、腕試しに、と十二組の生徒と犬たちはニューヨーク市に出かけ、町なかを歩き、バスや地下鉄に乗り、混雑したデパートの中を抜け、はじめて足を踏み入れるビルのエレベーターやエスカレーターに乗り降りした。

スー・マッカーヒルと生徒の何人かが町を循環するバスに乗っていると、途中でジャーマン・シェパードをつれた盲目の女性が乗ってきた。どういうわけか、スーはその犬がフィデルコで訓練を受けた犬だとすぐにぴんときた。フィデルコというのはコネチカットのブルームフィールドにある盲導犬養成学校だ。その女性は、バスのなかに盲導犬を飼ってまもない男女が大勢乗っていることに気づき、そわそわしはじめた。アリソン・ドーランの茶色いラブラドール・レトリバー、コーリーンに喧嘩を仕掛けられるのではないかと不安だったらしい。「馬鹿馬鹿しい」とアリソンはその女性に言い、ガイディング・アイズの盲導犬がそれほど侮《あなど》られていることに気を悪くした。バスは巡回ルートを進み、そのあいだ生徒たちはさらに思いがけない不愉快な出来事に遭遇した。アリソンの近くに座っていた健常者の女性がコーリーンの鼻先を面白がってつつき続けたのである。席に着いてからバスを降りるまでのあいだ、ずっとである。しかしコーリーンは最後まで落ち着いていた。アリソンもしかり、である。

「まったくイカれたバスだな！」トム・マサが大きな声で言った。

「たのむよ！」とクレイグ。『イカれたバス』じゃなくて、『試練のバス』だね」。ソーシャル・ワーカーであるクレイグは「あらゆる修羅場」に遭遇してきたとのことで、このような不愉快な出来事のあとでもしごく上機嫌だった。このあとクレイグはヴァーゴといっしょに町のレコード店に行ったのだが、そこでひとりの女性が彼らに近づき、ヴァーゴの上にかがみこんでこう言った。「こんにちは、かわいいワンちゃん。ほんとにかわいいわね」

「それはどうも」と、クレイグはふざけた調子で答えた。「そうおっしゃるあなたもかわいいですよ！」


その女性はまごついて、そそくさと立ち去ってしまった。ヨークタウンハイツの近くで歩行練習をしていたときに経験したのとは比べ物にならないほど、生徒たちはこの日、盲導犬を連れて歩くときに一般の人とどう接すればいいか、そのエチケットのあれこれを学んでいた。「誰も彼も犬に触りたがるんです」とスティーブン・クーシストは言う。「こちらも失礼なことは言いたくありません。でも犬はいま忙しいのだということは分かってもらわねばならないのです。仕事中なんです。コーキーをペットのように扱いたがる人を見ると、ときどき言いたくなりますよ。『ペット？　何がペットだって？　俺はペットといっしょにいるのか？』だからときどき、その場で名前をでっちあげて、この犬はジェスパーという名前です、なんて言ってやるんです。そうするとその人は『こんにちは、ジェスパー』と呼び掛けてくるんですが、コーキーは目もくれませんよ」

盲導犬を連れて歩いているとたしかに不愉快な思いもするが、反面で社会との接点を得る機会も増える。盲導犬といっしょに歩くようになってから、白い杖をついて歩いていたときとはずいぶん世界が変わったと、何人もの生徒が打ち明けている。ペースよく、しかも安全に歩けるだけでなく、犬のおかげでまわりの人が自分に興味を持ってくれ、会話のきっかけになるというのだ。「杖で歩いていたときは、みんな私のことを避けていました」とひとりの生徒は言う。「誰だって盲人に話しかけようなんて思わないでしょう。でも今はみんな私の犬のことを知りたがるんです」

尻込みしていたボブ・セラノすら変化を感じていた。「イーグルと並んで歩道を歩いていると、紅海のように人が道をあけるのが分かるんですよ。杖をついて歩いていたときにはありえなかったことです。車に杖を跳ね飛ばされたことも何度かありましたからね。でも犬といっしょだと、みんな態度が違うんです。何もかもが変わりました！　人通りの多い歩道を歩いていると、まるでサーフィンしているようです」。イーグルがボブを導いて歩道を歩き、ハーネスをつうじて合図を送り、行く手にちらばる障害の存在を教えているのを見ると、つい三週間前までボブには研修を修了する自信がなかったとは到底信じ難いし、これまで犬と暮らしたことのない人の姿には見えない。

シンディ・ブレアはニューヨーク市内もパーネルとともになんなく歩けたため、せっかくブルーミングデール（ショッピングモール）まで行ったというのに、横を通り過ぎただけでショッピングをする暇がなかったことが不満だった。翌日は卒業式の前日で自由に過ごしていいということだったので、彼女はガイディング・アイズのバンに乗り込み、ジェファソン・バレー・モールにショッピングに出かけた。モールに来たのは例の腕試しの遠出以来二度目だったが、シンディはめぼしい店がどこにあるのか抜け目なく記憶していた。まずは煙草店に向かい、スペンサー・マクミランに、と「イッツ・ア・ガール」という葉巻を買った。マクミランはコロラドから来た内気なクラスメイトで、留守を守っている妻にちょうど子供が生まれたばかりだという。さらにシンディはティーンエイジの息子のためにスウェットシャツを買い、夫にキーホルダーを、パーネルとブレントにはおもちゃ――噛んで遊ぶ骨をそれぞれに、そしてブレントにはパーネルが仕事しているあいだ遊べるように、とロープを一本――を買い求めた。「GAP《ギャップ》」では何も買わなかったが、パーネルはしきりとシンディをひっぱって店内に入ろうとしたので、「きっとジェシカはここでよくお買物をしているんだわ」とシンディは思った。

シンディは新しいパートナーのことをすべて知りたいと思った。「このあいだ発見したんだけど、パーネルは物を拾ってこれるのよ」とシンディは悪戯っぽい口調で言った。「トレーナーからはそういうことはまだしてはいけないって言われているんだけど、どうしても試してみたかったの。そしたらスニーカーが偶然ぬげて、それを足で偶然部屋の向こう側まで蹴飛ばしてしまったのよ。パーネルは間髪を入れず靴のあとを追い、拾ってきてくれたわ。ところが困ったことに、くわえた靴を離させる命令が分からなくて。そこへジェシカが階段を昇ってくる靴音が聞こえたの。パーネルが靴をくわえているところは見られちゃまずいから――ほんとにいけないことだから――、『落とせ!』『離せ!』など知っている限りの命令を出したわ。そして『渡せ!』と言ったときにようやくパーネルは私の手に靴を落としてくれたの。ジェシカが来る前に、と急いで靴を履いたわ。靴はパーネルのよだれで濡れていたけど、ジェシカは気づかなかったみたい」。パーネルのことを知れば知るほど、もっと知りたくなる。そうシンディは言った。「パーネルの里親にも会いたいわ。小さなころどんなふうだったか聞きたいの。都会に住んでいたのかしら？　子供のいる家庭だったのかしら？　見てちょうだい、パーネルったら」とシンディは言い、小柄な黒いラブラドール・レトリバーの背をなでた。パーネルはひんやりとしたモールの床に寝そべり四本の足を伸ばしている。「まるで蛙みたいでしょう？　里親の方もパーネルのこんな癖をご存じなのかしら？」

シンディとパーネルの組み合わせは実にうまくいっていた。パーネルがそれ以前の子犬時代によい教育を受けていたことが大きく作用しているのだろう。勤勉でまじめ、そのうえ鋭敏で思いやりがある。最上級の犬の見本のようだった。生みの親や育ての親を誇らしい気分にしてくれる犬だった。

もはやお手上げ

飼いはじめて一年たっても、私たちはクレメンタインを誇らしく思えなかった。クレメンタインのおかげで私たちは変わった。といってもいい方向に変わったのではない。まず、お客を家に招くことができなくなった。それまで私たちはかなり社交的な夫婦だったが、もはやお客を呼んで夕食をふるまったところで、クレメンタインが何か悪さをするたびに「だめ！」と大声を出すことになるだろう。お客はぎょっとするに違いない。たとえクレメンタインをバスケットのなかに隔離したところで、夕食のあいだじゅう私たちのどちらか、または両方が六秒おきに椅子から跳ね起きて、クレメンタインが寝床に噛みついていないか確かめに行ったり、吠えるのを止めさせに行ったりせねばならないだろう。

もはや手は尽きていた。できる限りのことはすべてやった。薬局で高価なカノコソウやカバの根から作った鎮静剤を買ったりもした。クレメンタインを落ち着かせるのに役立つかと思ったが、どちらも効果はなく、ペットの飼い方のマニュアル本も役にはたたなかった。丸々とした足を上に下にさすってやったり、弧を描くようにマッサージしてやるとクレメンタインはとても喜んだが、マッサージを止めると途端に起き上がって走りはじめてしまう。私たちは疲れ果て苛々《いらいら》し、犬に振り回される生活を送るうちにしだいに友人とも疎遠になっていった。できの悪いペットがいようが、生活のペースを取り戻し、平和な暮らしに戻らねば、とは思っていた。クレメンタインは狂暴な犬ではなかったし、性格も悪くはなかった。体の大きさといい力強さといいどんどん成長をつづける、大柄な、手に負えない厄介者、というだけだった。

私たちは限界を感じはじめていた。精いっぱいのことはやったし、それがうまくいかないとなると専門家の力も借りた。クレメンタインに反復訓練を施したり、長い散歩に連れて行ったりもしたが、どれもこれもうまくいかなかった。何を試してもことごとく失敗したせいで、私たちはしだいに塞ぎ込むようになり、疲労困憊していった。やがて諦めに似た気持ちがすこしずつ胸のなかを浸しはじめていった。家のなかは散らかり放題。テーブルの上には犬のしつけ本が山と積まれ、カウンターにはハーブの苗やスプレー缶、首輪などが所狭しと並べられている。どれもクレメンタインをおとなしくさせる役には立たなかった。最善を尽くしたもののクレメンタインの素行を改めさせることはできず、私たちは巨大な敗北感にじわじわと押しつぶされそうになっていた。もはや平和な生活を取り戻すためには、私たち自身が行いを改めるしかなかった。

卒業の日

ヨークタウンハイツでの研修がはじまってから四週間ほどたったある土曜日の朝、地元の花屋からガイディング・アイズに花束が届けられた。送り主の多くは子犬の里親で、そのほかガイディング・アイズの卒業生や友人からの贈り物もある。花束は廊下に飾られ、目の見える人に読んでもらおうと、カードもディスプレーされた。「カールと新しいお友達へ」と、あるカードには書かれている。またロザリオ・キューラの黒いラブラドール・レトリバーあてには「グッドラック、おチビさんへ」と書かれていた。

学校のダイニングルームでは昼食会が催され、ごちそうが並べられた。メインはグレービーソースをかけてパンの上に並べられた七面鳥のスライスで、付け合わせに砂糖づけのイモが添えられ、デザートにはピンクのアイスクリームをトッピングしたブロッコリーが出された。生徒の何人かは待ちきれず、盛装に身を包んでいた。男性はネクタイに糊《のり》のきいたシャツ、女性は特別な機会に着るドレス、という具合だ。卒業式とはつねにそんなものだが、このときも雰囲気は大いに盛り上がっていた。しかし生徒たちが何にもまして胸を躍らせていたのは、もうすぐ犬の里親と念願の対面を果たせるからだった。

昼食が済むと、生徒は犬を連れていったん寮の部屋に引き上げた。卒業式の会場に華々しく入場するためだ。そのあいだにも、廊下は犬の里親一家やその友人、トレーナー、卒業生などであふれかえった。引退し、名誉卒業生としてガイディング・アイズに戻ってきている犬の姿も何匹かある。それは実に晴れがましい光景で、全員が晴着を着ている様子からして、明るい春の陽射しが降り注ぐ朝の教会のようになごんだ雰囲気が漂っていた。それまでジーンズやスウェットばかり着ていたトレーナーや生徒たちも、この日ばかりは美しいドレスに身を包み、ハイヒールを履き、スーツにネクタイを締めている。

「盲導犬を飼いはじめた人にとって、私たち里親に会うのはとても貴重な体験なんです」と、ノースカロライナ州からやってきたメアリー・ジェーン・ギボンズは言う。彼女はモーゼリーの里親で、首に五匹の子犬の顔を彫ったメダルをかけている。ガイディング・アイズのプログラムのために彼女が何匹の犬を育て上げたか、そのメダルが物語っていた。「みんな自分の犬のことは何でも知りたいのです。だから私はほら、小さなアルバムを持ってきたんですよ」。里親の多くはアルバムを持参していた。目の不自由な人にアルバムを見せるというのは奇妙なようだが、彼らはそんなことに頓着していない。たしかに視覚障害者は写真を見ることはできないが、アルバムに記録された思い出の瞬間や愛する人々について里親が説明するのを聞いて、その声に込められた感情を感じ取っていく。そして決して見ることのできないその情景を宝物として心に刻みつけるのだ。

メアリー・ジェーン・ギボンズはモーゼリーの新しい主人、ミューリー・ディモンにまだ会っていなかったが、関心を示す人がいれば誰彼構わずアルバムを見せてまわっていた。アルバムは、モーゼリーがまだ丸まるとした子犬だったころの写真で埋め尽くされている。「これはモーゼリーのさよならパーティーのときの写真よ」とメアリーは言い、黒いラブラドール・レトリバーが彼を愛する人々に囲まれて幸せそうにしている写真を指差した。そのほか、モーゼリーが花を口にくわえている写真や、メアリーの従兄弟がカウチに寝そべり、その膝の上でモーゼリーが体を伸ばしている写真もあった。「あらあら、この写真はまずいわね」とは言ったものの、メアリーの口調には非難の響きは全くなかった。「膝の上に乗るのを許してたとばれたら、トレーナーの方たちに怒られてしまうわ。……ああ、これはモーゼリーの兄弟の写真よ。……それからウェイネスビルでクリスマスパレードに参加したときの写真。モーゼリーは『予備訓練中の盲導犬候補』と書いたコートを着てるでしょう? ハーネスをつけていないときでも、このコートを着ていれば、訓練中の盲導犬候補だっていうことをまわりの人に分かってもらえるの。……それから獣医さんのところでスタッフの方たちに囲まれているモーゼリー。……眠ってるモーゼリー。これはモーゼリー博士の写真よ。『モーゼリー』っていう名前はこの博士からとったの（そう言ってメアリー・ジェーンは、モーゼリーがガイディング・アイズ以外の繁殖プログラムによって生まれたことを見ている人たちに説明した）。これは近所のマクドナルドで店長といっしょにポーズを取るモーゼリー。子犬にしてはほんとに落ち着いてたわ。ほんとにいい子だった。私ときたらモーゼリーがどんなにいい子か、それればかり言ってるものだから、友達にも里親仲間にもあきれかえられちゃったみたいよ。手放すのはほんとに辛かった。でも何か使命を与えられたほうがモーゼリーは幸せなんだって、私も思っていました。お別れの日、モーゼリーを飛行機に乗せるのが嫌で、車を運転してここまで来たんですよ」

紛れもない愛情と慈《いつく》しみの心で育てた犬のことをギボンズ夫人が延々話し続けているあいだ、ジェシカ・サンチェス——モーゼリーのトレーナーであり、彼の大ファン——がそばを通りかかった。ジェシカはアルバムをぐいと引き寄せ、むさぼるように写真を眺めた。子犬のころのモーゼリーの姿を見て、彼女は涙を浮かべ、すすり泣くようにメアリー・ジェーンに言った。「あなたは天使をお育てになったんですよ」

一時にもなるとキャンベル・ラウンジは人であふれかえり、入りきれなかった人は建物を囲む方形の庭の芝の上に集まった。折り畳み椅子の列は満席で、犬たちは椅子の下にうずくまっている。現役の盲導犬もいれば引退した犬もいる。部屋の前面には、客席に面する形で椅子が一列に並んでいる。卒業式が始まると、十二人の生徒は犬に導かれて入場し、この席に着いた。

この卒業式が行われた週末はスーパーボウルの直後だったせいか、ガイディング・アイズの最高経営責任者であるウィリアム・バッジャーはまだお祭り気分が抜けきらないかのように、チーズの形をした帽子をかぶって現れ、挨拶の言葉を述べた。グリーン・ベイ・パッカーズのファンがかぶるような帽子だ。バッジャーはいかにも経営者といった雰囲気で、上等そうなスーツに身を包み、髪も理容院で美しくカットし、隆《りゅう》とした風貌の人物だ。チーズの帽子は彼のきちんとした髪型とはいかにも不釣り合いだったが、それはガイディング・アイズの在り方を雄弁に語っていた。つまり、素晴らしい仕事をしていても、けっして殊勝らしい顔つきはしない、ということだ。「わたしはこのあたりではかなりの重要人物《ビッグ・チーズ》なんですよ」と、会場の雰囲気をなごまそうと、バッジャーは冗談を言った。不思議なことに目の見えない十二人も、視力がないと分からないはずの冗談に笑い声を立てた。きっと誰かがバッジャーの帽子のことを彼らに教えたのだろう。彼らが笑ったことで、会場に集まった全員が一体感を感じた。

バッジャーは帽子をとり、寓話をひとつ語りはじめた。ひとりの老人が激しい嵐の翌日に浜辺を歩いている。浜辺には幾千ものヒトデが打ち上げられている。老人はヒトデをひとつひとつ手に取り、海に投げて戻した。日が昇ればヒトデは死んでしまうからだ。そこへひとりの少年がやってきて、なぜそんなことをしているのか、と尋ねる。そんなことをしたって何も変わらないじゃないか、と。老人は一匹のヒトデを拾い上げ、海に投げた。そして少年に言った。「このヒトデにとっては、変わったさ」。バッジャーは、みなが自分のスピーチを聞きに集まったのではないことを承知していたので、十二人の生徒に花を持たせるべく、スピーチは短く切り上げた。

次にアリソン・ドーランが立ち上がり、代表としてスピーチを行った。彼女はガイディング・アイズでの三週間を「人生を変えた強烈な体験」と表現した。はじめて犬を連れて歩いたときのことを振り返り、彼女はこう言った。「数年前に視力を失ってからひとりで歩いたのは、あのときがはじめてでした。自由を感じました」。彼女がスピーチを終えたときには、会場のあちこちからすすり泣きが聞こえた。そして彼女が着席すると、拍手喝采が沸き起こった。クレイグ・ヘッジコックのジャーマン・シェパード、ヴァーゴなどは拍手にあわせて熱烈に吠えたてた。

そのあとは、生徒がひとりずつ立ち上がって、心境を語った。里親の多くにとって、自分の育てた犬の新しい主人に会い、その声をきくのは、これがはじめてである。

「ビクターはとてもお行儀がいいんです」と、エザー・アチャは言った。「まずはじめに気付いたのは、ビクターは尻尾でコーヒーテーブルをひっくり返したりしないってことでした」

「そうそう!」エザーの茶色いラブラドール・レトリバーをよく知っているらしい誰かが会場から相槌を打った。

「見てください!」シンディはパーネルを横に控えさせて、椅子から立ち上がった。「いまなら空も飛べそうです。鷲《わし》みたいに飛べそう」

ダンとスーザンのフィッシャーオウンズ夫妻は現在住んでいるワシントンDCからはるばる車で駆けつけ、引退した盲導犬のマシューを足元に控えさせて会場に着席していた。二人はシンディがスピーチを行っているあいだ首を伸ばしてパーネルの姿をじっと見ていた。誇らしげに顔を輝かせながら。スーザンはラブラドール・レトリバーをかたどったイヤリングをしていた。

「ダッチズは私に似てるんです」と、高校生のロージー・クーラは自分の黒いラブラドール・レトリバーについて語った。「朝になって電気をつけると、ダッチズも目を塞ぐんです。起きたがらないんですよ。だから私はダッチズにウサギのアイピローを貸してあげる羽目になりました。でもいい方法が見つかったんです。一日ずつ代わりばんこにアイピローを使えばいいって」

「モーゼリーはお調子ものでして」と、ミューリー・ディモン。「あるとき寮の部屋でモーゼリーのひもをはずし、手探りで歩いていたんですが、ふと気付くとモーゼリーがいないんです。私は思いました。この狭い部屋で体重四十キロあまりの大きな犬を見失うなんてありえるだろうか？ジェシカに来てもらおうと思ったとき、モーゼリーがクローゼットのなかに隠れているのを発見したんですよ」。クローゼットのなかに隠れるというのは盲導犬として決してほめられた行為ではないが、会場はこのエピソードに爆笑した。そして、モーゼリーのやや風変わりな性格を誰よりもよく知っているメアリー・ジェーンは、育ち盛りの子犬時代にモーゼリーがやらかしたおふざけを思い出して、目に涙を浮かべていた。

生徒はひとりひとり犬との生活のなかでのちょっとしたエピソードを語り、拍手を受けた。拍手に刺激されてヴァーゴは盛んに吠えたてる。「私は音楽家ですが」とクレイグは言い、こう続けた。「どうやらヴァーゴも音楽家のようですね」

「エリは町をうろつくのが好きなようです」と、トム・メサは言った。「ぼくにぴったりのパートナーを選んでいただきました」

ヘンリー・タッカーも立ち上がり、言った。「ガイディング・アイズのおかげで私は杖におさらばすることができました」

スピーチの順番が回って来たとき、ボブ・セラノは感激のあまり、言葉に詰まってしまった。「ここに来たときは、家に帰りたい気分でした。とても卒業なんてできないと思っていたんです」。頬を涙が伝っている。「でもやり遂げました！」

スー・マッカーヒルは最前列に腰掛けていたが、彼女もまた喜びの涙にむせんでいた。そして「そうよ、やったのよ！」と、会場一杯に響き渡るような声で叫んだ。「やり遂げたのよ、ボブ！」

ボブを称《たた》える拍手が沸き起こり、ヴァーゴもさかんに吠え、嬉しげに遠吠えを繰り返した。

次にヘッドトレーナーのキャシー・ザブリキーが会衆の前に立った。そして里親をひと家族ずつ紹介し、彼らの育てた犬がこれからどの州のどの町で暮らすのか、発表した。それぞれの家族から代表者がひとり出て表彰状を受け取り、これから犬の飼い主となる人物と握手をした。飼い主から里親へは、プロに撮影してもらったポートレートが贈られた。

ニューヨーク州フォートアン在住のウォーターズ一家とバーモント州エセックス在住のジェニー・クリスチャンセンはエザー・アチャの盲導犬となったビクターの里親である。エザーはレーン・ブライアントで買ったきらびやかな錦織りのドレスを身にまとい、涙をポロポロこぼしながら感激に身を震わせていた。幸い会場の女性がティッシュの束を渡してくれたため、涙をふくことはできたが。

式の最後に二人のアシスタント・トレーナーが進み出て、ふわふわした毛の子犬を二匹紹介した。どちらも生後七週間のラブラドール・レトリバーで、一匹は黒毛、もう一匹は茶色い毛をしている。盲導犬候補として里親を募集しているとのことだった。子犬が紹介されると、愛犬家の集まった会場から「かわいくてたまらない」といったようなうめき声が上がった。式が済むと、すでに何匹か子犬を育て上げ、新しい子犬を引き取る意思のある家族が何組か、スタッフのところに相談に行き、自宅へ連れかえる手筈を整えた。

卒業式が終わると、卒業生と里親たちは学校の談話室や廊下でパーティーを開いた。ケーキやコーヒー、ソフトドリンクもカフェテリアに用意された。それは奇妙な光景だった。というのも、床から五十センチの高さでもおしゃべりに花が咲いていたからである。里親は犬の頭の高さにまでかがみこみ、自分が育てた犬を今一度抱きしめ、新しい飼い主にその犬の昔話をあれこれ語って聞かせる。シンディが腰掛けている椅子の横にはパーネルが蛙のように寝そべり、リノリウムのひんやりとした床に四肢を伸ばしていた。ダンとスーがシンディに挨拶しようと近づくと、パーネルは耳をぴんと立てた。そして旧友のマシューの姿をみつけ、興奮したように体を震わせ、尻尾を勢いよく振った。二匹はお互いの体のあちこちをかぎまわった。スーザンとダンはシンディに自己紹介をした。

スーザンはパーネルの子犬時代のエピソードを語った。はじめて夏の暑さを経験したときのこと、ジョン・ホプキンズ大学での生活、「福祉の道に進む可能性のもっとも高い生徒」に選ばれたこと、などなど。「気をつけてくださいね」と、スーザンはシンディに言った。「パーネルは水が大好きなんです。あるときなんて、学校に行く途中で泥のなかを転げまわって大変だったんです。これでもか、というくらいに転げまわるんですもの。しまいにはチョコレート色になってしまいました。タオルも何も持っていなかったんですが、ちょうど設備修理の人に出くわして、その人が道端の水道管の開け方を知ってたものですから、開けてもらったんです。そしたらパーネルったら、今度は水に頭を突っ込んで、引っ込めようとしないんですよ。通りがかりの人はびっくりしてました」

シンディはスーザンの披露するエピソードの一つ一つを噛みしめ、もっと聞きたがった。

そこへダンの両親がやって来て、写真を撮ろうとカメラを構える。「ああ、パーネルにまた会えるなんて最高だね」と、ダンの父親が言った。

「食卓から食べ物を与えたことがありますか？」とシンディが尋ねた。

「いいえ、一度も」とダン。

「だろうと思いました。ありがとうございます！……でもね、パーネルったらベッドに忍び込むのが好きなんですよ」

「そうそう」とダンも相槌を打つ。「こいつは誰かといっしょに眠るのが好きなんです。夜はマシューといっしょに眠っていましたし、僕と昼寝をしたこともときどきありました」

ダンとシンディがパーネルの長所について語り合っているあいだ、スーザン・フィッシャーオウンズは友人を連れて二人のそばを離れ、あることを打ち明けた。動揺させたくないから、パーネルの新しい飼い主にはあえて話さないつもりだという。「もう少しして、彼女が落ち着いたら、話すつもりです。実はパーネルが小さかったころ、飼い猫の寝床に吸収力の強い腐葉土を入れていたんです。ところがパーネルときたら、キャットフードをちょっとつまもうと思ったらしく、その寝床に入ってしまったんです。腐葉土はパーネルの顔にも口にもべったりついてしまい、口のなかにも入ってしまっていました。強力な掃除機でようやく吸い出したんですよ」

「朝も夜も餌を二回お代わりするんですよ」とシンディがダンに言っている。

「やっぱりそうですか。餌を食べはじめたころ、パーネルはふけに悩まされてましてね。でもあれこれ違う餌を試しているうちに、よくなりましたよ」

「排泄の点でも申し分ないわ。他の犬たちに先駆けて一番に済ませてしまうんですから」

「昔からそうでした」とダン。「少なくとも最初の年の猛暑以来、ね。マシューは違うんですよ」とダンは言い、十二歳になる茶色のラブラドール・レトリバーの頭をなで、粋《いき》なグリーンのバンダナを整えてやった。「パーネルに比べると手のかかるほうでした」

「パーネルのお気に入りのゲームをご存じ?」と、スーザンがシンディに尋ねる。「追いかけっこ。でも一方向にしか走らないんです。アパートの片端からもう一方の端まで。たどり着くといっしょにもとの場所に戻ってもう一度追いかけっこするんです。それから、私が回転椅子に座っていると、引っ張ってクルクル回転させるのも好きでした」

「パーネルは女性にもてるんですよ」とダンが言った。「昔からママっ子でね」

因縁の対決

クレメンタインとの地獄の日々は一年近く続いたのだが、私たちはそれでも何とか普通の生活を取り戻そうと、あるとき親しい友人を夕食に招待することにした。彼らは私たちが犬好きだということを知っているし、クレメンタインが引き起こす混乱を目の当たりにしても、事情を理解してくれるだろう、と思ったからだった。当日、ジェーンはレイヤーケーキ作りにとりかかり、マイケルはそのほかの食材を求めて買い出しに出かけた。

午前十時。クレメンタインの悪さが最高潮に達する時刻だった。すでに同じ場所を行ったり来たりし、キャンキャン吠えたて、勝手口をひっかいて外に出してもらっては、すぐまた外からドアをひっかいてなかに入れてもらうことを繰り返していた。ルイスは大事を取って鳥かごのてっぺんにとまり、ミネルバも怖れをなして二階のどこかに隠れてしまっている。そんななか、ひとりクレメンタインだけがピンボールのようにあちこちを跳ねまわっていた。

そんなクレメンタインから気を紛らわそうと、ジェーンは台所用の小型テレビをつけ、卵を割ってケーキに必要な卵白を取り分けた。テレビでは、自己啓発の大家ジョン・ブラッドショーが公開番組で講演を行っていた。クレメンタインの存在を忘れるにはもってこいの人物だ。落ち着いた穏やかな話しぶり、そして耳に心地好い声音。ケーキの下ごしらえをしながら、ジェーンはブラッドショーのありがたい言葉をしみじみと味わい、心の平安と家庭円満の大切さを説く言葉に、もっともだというようにうなずいた。

ジェーンの作ろうとしていたケーキはなかなか難しいもので、彼女は何とかレシピの細かい部分に神経を集中させようとしていたのだが、そこへクレメンタインがドアマットを口にくわえてやってきて、意気揚々と台所のなかを歩き回りはじめた。「やめなさい！　おすわり！」ジェーンは怒鳴った。

クレメンタインはまったく意に介さない。それどころかドアマットを口から離すと、後ろ足で立ち上がって台所のタオルを棚からひきずりおろした。ジェーンが無視しているのに気づくと、今度は吠えはじめるしまつだ。

ジェーンはテレビのボリュームをあげ、クレメンタインの鳴き声をかき消そうとした。無視されたことに腹をたて、クレメンタインはジェーンのはいていた綿《めん》のロングスカートの裾にとびついた。

「離れなさい！」ジェーンは怒鳴った。スカート相手の取っ組み合いは禁止事項の一番に挙げられている。必ず止めさせねばならない。黙認してしまえば、犬はそれを発端にしてしだいに本格的な攻撃を仕掛けるようになるからだ。私たちはそれまで何匹もの子犬を飼ってきたが、たとえゲームでも取っ組み合いなどしたことはない。犬の行動に詳しい人に聞けば誰でも言うだろうが、犬を相手に意地の張り合いや力比べといった競争をけしかけるなど言語道断なのだ。しかしクレメンタインを飼うまでは、こうした戒めは私たちにとって無用だった。犬が私たちの洋服（とりわけ私たちが着ている洋服）を相手にとっくみ合いをするのを止《と》めなければならない状況など、ただの一度もなかったからだ。

クレメンタインはまったく動じず、スカートをくわえたままあとずさった。瞳が嬉しげに輝いている。一番してはいけないゲームだからこそ、一番わくわくするのだろう。

ジェーンは手を伸ばしてクレメンタインの首輪をつかもうとしたが、それより早く布の裂ける音が響いた。クレメンタインが勢いよく引っ張った拍子に、キャラコのスカートはウエストのところから破れてしまったのだった。

布の裂ける音をきっかけに、ジェーンはついにキレてしまった。サイロのドアが開き、ロケットのエンジンがうなりをあげ、全面破壊兵器が発射されようとしていた。ジェーンは体を細かく震わせ、犬を睨みつけた。クレメンタインはおふざけが過ぎてしまったことを直感的に悟った。一線を越えてしまった、と。そして布切れを口からポロリと落とした。

「このろくでなしの馬鹿犬！」ジェーンは腹の底から罵声《ばせい》を浴びせた。そして呆気《あっけ》に取られているクレメンタインに向かって腕を振り上げたのだが、もう一方の手がカウンターに置いてあった陶製のボールをはねとばしてしまい、なかに入れてあった十数個分の卵白が床に飛び散ってしまった。封の切ってあった小麦粉の袋もカウンターの端に置いてあったのだが、それも落っこちた。クレメンタインはあとずさって逃げようとしたが、ジェーンに首根っこをつかまれてしまった。

彼らは卵と小麦粉にまみれた床をごろごろ転がりながらもみ合った。

私たちはそれまで何度もクレメンタインを怒鳴りつけたことがあったが、クレメンタインは私たちが本気で怒っているとは思わず高を括《くく》っていたのだ。

ところがこのときクレメンタインは、本気で怒っているアルファ・ウルフと対峙していた。ウルフといっても、破れたスカートをはき、卵と小麦粉にまみれ、割れた食器を肌にくっつけている、人間だ。ぜいぜいと荒い呼吸にジョン・ブラッドショーの穏やかな声もかき消されていた。ジェーンの頭の中は真っ白だった。「おふざけもいい加減にしなさい。お行儀よくするのよ！」彼女は声を張り上げた。

クレメンタインはもがき、なんとかジェーンの手をふりほどいた。しかしジェーンはなおもクレメンタインを追う。そして台所の調理台のまわりをグルグルまわり、ケーキの焼き型や洗剤の入った大きな箱をひっくり返した。ジェーンとクレメンタインが音をたてて走りまわるなか、いろいろなものが落ちて、さらに床を汚した。

ジェーンはクレメンタインの後ろ足をひっつかみ、ぐいと押さえつけた。そしてそのまま洗剤の泡のなかを滑り、食器棚に頭から突っ込んだ。クレメンタインは狂ったようにもがいて逃げようとしたが、ジェーンは、もし自分がここで負けてしまえば一巻の終わりだということを承知していた。状況はいよいよ泥沼にはまり込んでいく。ジェーンとクレメンタイン、どちらかが自分の優位を相手に思い知らせないことには、事態は収まりそうになかった。ジェーンは普段は自分でも認めるとおり控え目で臆病なたちなのだが、内面奥ふかくに眠る原始的な感情を刺激されたのか、引き下がるどころか、この戦いに全力を傾けていた。

まるでタイタン同士のぶつかり合いだった。ジェーンも大柄だし、クレメンタインもまだ子犬とは言え、体重は五十キロ少々もある。ジェーンはクレメンタインを羽交い締めにし、その体にのしかかった。仰向けにして、服従させるためだ。二つの体がどしどしぶつかり合い、ディナーのために買ってあった花もろとも花瓶が台所の床に落ちて、粉々に割れてしまった。水があたり一面に広がったが、ジェーンもクレメンタインも格闘をやめない。

一年に及ぶ忍耐を強いられた反動だろうか、ジェーンは超人的な力を奮い起こし、クレメンタインを仰向けにひっくり返して押さえつけ、プロレスラーさながらその上にまたがった。クレメンタインの喉元を腕で力任せに押さえつけ、今や生かすも殺すもその選択は自分の手中にあるのだと、クレメンタインに思い知らせようとした。もはや言葉も命令もない。ジェーンとクレメンタインはもっとも原始的な動物の言語でコミュニケートしていた。

やがて全身をこわばらせていたクレメンタインが力を抜いた。そしてうめき声をあげ、じっと動かなくなり、してはいけない場所だというのにおしっこをしてしまった。服従のサインである。無条件降伏だった。部屋のなかは静まり返り、聞こえるのはジョン・ブラッドショーの甘く豊かな声と、ジェーンとクレメンタインの荒い息遣いだけだった。ジェーンは自分の心臓が激しく動悸を打つのを感じた。クレメンタインのせわしない鼓動も聞こえた。彼らははじめて同じ思いを抱いた。

マイケルが食料品を買い込んで帰宅すると、ジェーンは破れたスカートを手に、卵や小麦粉、犬の尿、洗剤、食器の破片などを拭き取っていた。そして「デザートをどうするか、考えたほうがよさそうよ」と言った。

「いったい何があったんだ？」マイケルはショックを隠しきれずに尋ねた。「クレメンタインはどうした？」

クレメンタインはバスケットのなかに退散していた。いつものように寝床を足でがさがさと蹴りあげ、布の具合を入念に整えると、体を小さく丸めて横になり、その日はずっとそのままでいた。いつになく大きく目を見開いて用心深く私たちの様子をうかがいながら。寝床を離れたのは二度きりで、一度は餌を食べたとき、もう一度は外に出たときだ。どちらの場合もすぐさま安全な寝床に戻った。

ディナーパーティはじつになごやかに進んだ。クレメンタインなどほとんど存在しないかのごとく。友人のひとりがジェーンの顔に戦いのあとの疲労がにじんでいるのに気づき、どうしたのかと尋ねたが、ジェーンは「貧血気味なのかしら」とかなんとか言ってごまかした。彼女は台所での朝の出来事にまだ動揺しており、ましてやそのことについて話すなど、とてもできない状態だったのだ。

翌日になってもクレメンタインは神妙にしていた。ミネルバは気が大きくなったのかクレメンタインのそばまでゆるゆるとやって来て、興味深げに匂いを嗅いだ。クレメンタインはわずかに尻尾の先を振って応えただけだった。

私たちはおとなしくしてくれていることに感謝の気持ちを示そうと、クレメンタインの寝床の横に座り、クレメンタインの耳をなで、優しく話しかけた。数日もすると、クレメンタインはまた元気になったが、しかしもはや以前の彼女ではなかった。「寝床に戻りなさい」と言えば、それに従い、寝床でじっとしているようになったのである。

クレメンタインと同様に、ジェーンもあの出来事から立ち直るのに数日を要した。クレメンタインがただの手に負えない子犬ではなく狂暴性を秘めた犬だったら、自分のしたことによってどんな悲劇が待ち受けていたか、彼女にはそれが分かっていたのだ。格闘の相手がクレメンタインほどの体格と力を持った、とことん性格の悪い犬だったら、ジェーンはたやすく息の根を止められて、台所の床に横たわる羽目になっていただろう。

このように大変な危険を秘めていることを考えると、ジェーンの神風特攻隊的な荒療治はおすすめできない。私たちは運がよかったのだ。さんざん私たちの手を焼かせてきたが、クレメンタインは根がとても善良だった。おそらく私たちは何匹もの子犬を育てた経験から、そのことが分かっていたのだ。ジェーンは自分の直感を無意識に頼って、一か八かの勝負に出た。しかし繰り返すが、犬は一匹一匹違う。そしてもう一度繰り返すが、私たちは運がよかったのだ。

もちろんあのままあと数年、あるいは数ヶ月悪さを続けていれば、クレメンタインは単なる厄介者ではなく、本当に狂暴な犬になっていたかもしれない。スカートとのとっくみ合いを止めさせるのにああいう荒療治をせざるをえなかったわけだが、まだ変わるチャンスのある子犬の時期にそれをしてよかったと私たちは思っている。

この一件から学んだことは、子犬をしつけるときには真剣に叱らなければならないということだった。子供と同じく犬も「親」の心を読むことにかけては天才で、本気で叱られているときとそうでないときの区別ができるのだ。親が「ソファーから降りなさい」と何度叱っても子供は繰り返しソファーによじ登る。ついに親は堪忍袋の緒を切らし、同じ言葉を今度は本気で怒鳴る。すると子供はソファーから降りるのだ。クレメンタインはそれまで私たちが育てたどの子犬よりも頑固だったが、いまから思うと私たちは犬を育てた経験が豊富にあるのをいいことに自己満足していたようだ。そして常に正しい行いはしていたものの、子犬を育てることにもっと情熱を傾けていた若いころに比べて集中力が欠けていたとも思う。

さらに、クレメンタインの家系についても詳しく知ることができ、クレメンタインの行動を理解する手掛かりとなった。デビー・バーガスによると、クレメンタインの兄弟もみな普通のブルマスチフより騒々しく、一匹の雄などは「木登り」さえ覚えたほどだという。この話には少々誇張があるにしても、荒々しい行動はとらないとされているブルマスチフについてそういう報告を聞くことができて、私たちは目の覚める思いだった。同じブルマスチフでも、犬によって性格はまちまちなのである。それまでに私たちが飼ったブルマスチフはどれも別々のケンネルから来た犬だったが、性質はもっと穏やかだった。

また、クレメンタインの父であるサムも、こと排泄訓練に関してはかなり飼い主をてこずらせたということも知った（サムに対する幻想が消えてからのことだったが）。五歳になってもミミの家のソファーや椅子に放尿していたらしい。かねてからミミは私たちより犬にたいして寛大だと思っていたのだが、このことを知ってから私たちは、生まれつきの性質は飼い主から受けるしつけと同じくらい子犬のなかに根強く残るという事実に納得したのだった。

新しい家へ

ヨークタウンハイツにあるガイディング・アイズで卒業式が行われてから一夜が明けた。盲導犬を飼った経験のない人たちはこのあとも一週間研修を続け、これからの生活で犬が直面するであろう新しい事態に備えてさらに訓練を続けた。飛行機の乗り方、人ごみの歩き方、主人から案内を求められていないときに何時間もじっとしている訓練、などだ。盲導犬どころかペットとしても犬を飼ったことのない生徒に対しては、良き飼い主としてなすべき基本的な世話の仕方も指導された。グルーミング（ラブラドール・レトリバーの場合は最低限でよい）の仕方や餌のあげ方、定期検診のすすめ、などである。

ペットとして犬を飼ったことのある人に対しても、ペットと盲導犬の違いを今一度理解させる必要はある。盲導犬は規則正しい生活を送るよう訓練されている。決まった時間に餌を食べ、休憩も定期的にとり、責任ある行動が求められるのだ。そのため生徒は盲導犬を家に連れ帰ったら、少なくともはじめのうちは家族の誰とも遊ばせてはいけないと指導される。散歩に連れて行ったり命令を出したり、といったことも自分以外の人に任せてはいけない。盲導犬は他の誰でもない自分の主人に全神経を集中させねばならないからである。さらに少なくとも最初の数週間は、学校のときと同じように主人の部屋でリードをはずした状態で寝かせるよう、指導される。こうすれば犬は家のなかをさまよったり物を壊したりしないし、犬と飼い主とのあいだの絆も強まる。また、少したって好きな場所で寝るようになっても、たいていの犬は主人のベッドルームを自分のお気に入りの場所に選ぶようだ。

リピーターのシンディ・ブレアは新しい盲導犬のパーネルを連れて家路についたが、それは七時間も電車に揺られる旅だった。「スーパーボウルのある日曜日だから、駅からタクシーに乗らなきゃならないだろうって夫は言うんです」とシンディは笑った。「でも私は電車の旅が楽しみなの。七時間ものあいだパーネルとくっついていられるんですもの」

シンディは日曜の晩にパーネルを連れて自宅に戻ったが、あらかじめ帰宅したときの段取りを慎重にたてていた。家での生活をはじめて最初のうちは、パーネルのそばにいるのは必ず自分でなくてはならない。そのことは承知していたが、彼女は玄関にたどり着く前にリードを夫に手渡した。パーネルを連れて裏庭へ行き、そこでいっしょに遊んでもらうためだ。シンディはブレントの気持ちを配慮したのだった。一ヶ月ものあいだ離れていた主人が別の若い犬といっしょに戻ってきたのを見たら、ブレントは傷つくに違いない。だから、彼女はひとりで家のドアをくぐったのだ。ブレントは彼女の匂いをかぎ、手をなめ、うれしげに尻尾を振った。じっくり旧交を温めあったのち、シンディはブレントに言った。「ブレント、あなたにお友達を連れて来たのよ。会ってちょうだいな」。そしてブレントを連れて裏庭に続く戸口のところへ行き、ドアを開けた。すると、パーネルが家のなかに入ってきた。好奇心を抑えきれず、しかし用心しながら。二匹の犬——どちらもいかなる状況に遭遇してもそれに対処できるよう十分に訓練された盲導犬だった——はお互いをじっくり観察したのち、リラックスしたのかシンディの両側に座り、仕事がはじまるのを待った。

その晩、パーネルは家のなかを好きに探検することを許された。就寝時には、二匹の犬はどちらも主人のベッドルームに入り、ベッドの片側で眠った。

月曜の朝八時。シンディがハーネスを取り出したのに、自分につけてくれないので、ブレントは悲しげに鳴き声をあげた。そして彼女に近寄ってその足元に座り、忠実な姿勢をアピールした。しかしシンディはパーネルにハーネスをつけ、新しい盲導犬とともに外に出ていってしまい、ブレントはそれをじっと見送ることしかできなかった。バス停に向かって歩道を早足で歩きながら、シンディは涙を流した。

シンディはバスに乗り、パーネルに導かれてダウンタウンのロチェスターに向かった。友人とお茶の約束があったのだ。パーネルはシンディを先導して大きなオフィスビルに入り、往来の激しい道路を渡り、エレベーターに乗ったりエスカレーターに乗ったり降りたりした。「もう何年もコンビを組んでるみたいな気分だわ」とシンディは言った。「パーネルは私の人生にすんなり入り込んできた。すごくしっくりくるの」。シンディの友人たちはパーネルを見ると、シンディとともお似合いだと口々にコメントした。パーネルもシンディも小柄できりりとした表情をしているからだ。そのうちパーネルはシンディとともに街に出るときには彼女の服の色に合わせたバンダナをつけるようになった。

初日、パーネルの仕事ぶりは満点だった。しかしシンディはひとつ過《あやま》ちを犯した。新しい盲導犬を得た興奮のあまり、家を出るときに、その場所を犬に覚えさせることを忘れてしまったのだった。覚えさせるといっても簡単なことで、家の前で立ち止まり、ハーネスを数回引っ張るだけのことだ。そうすれば、犬はそこが重要な場所であることを知り、前を通りかかるたびに止まったり曲がったりする。シンディがそれを忘れてしまったために、町に戻ってきたとき、働き者のパーネルは家の前を通り過ぎ、歩き続けた。そこが自分たちの住まいだという感覚がまるでないのだから仕方ない。ブロックの端まで行ったとき、シンディはパーネルがどこまでも歩き続けるつもりでいることに気づいた。それでパーネルに命じて来た道を戻らせ、家の場所を覚えさせた。その晩シンディはガイディング・アイズの仲間――盲導犬を飼った経験がなく、さらに一週間残って訓練を受けている――に電話して、こう忠告した。「家に帰ったらまず、犬に家の場所を覚えさせるのよ！」

翌日、シンディは近くの踏切りを目印としてパーネルに覚えさせ、さらに翌日、パーネルを連れて息子の高校へ行った。PTAの会合に出席するためだ。ジョン・ホプキンズ大学での生活が役に立ったのか、パーネルは学校の廊下や教室にもまったく戸惑わなかったという。

パーネルを盲導犬として飼いはじめてしばらくたったある朝、シンディはパーネルにハーネスをつけて散歩に出た。家を二軒ほど通り過ぎたとき、シンディは様子がおかしいことに気づいた。パーネルの仕事ぶりが妙な具合なのだ。ハーネスを突っ張ったりぐいぐい引いたりする。シンディにはすぐに状況が飲み込めた。どうやらパーネルではなくブレントにハーネスをつけてしまったらしい。しかしブレントはハーネスで合図を送られるたびに皮膚に痛みが走るので、身をよじってしまうのだった。シンディが出かけるとなると、いつもはパーネルが玄関先で待っているのだが、この日ブレントはどういう手を使ったのか首尾よくパーネルを玄関から追い払った。「ハーネスをつけたとき、ブレントったら何も言わないのよ」とシンディは言う。「うまく騙《だま》せたと思ったんでしょうね」。その後、シンディはブレント用に新しい首輪を買った。首輪を触ればパーネルかブレントか区別できるようにするためだ。それ以後ブレントはもはやシンディを騙せなくなってしまった。

それでもブレントは毎回玄関先で待ち、今日こそはシンディが新入りではなく自分を外に連れ出し、ガイド役を務めさせてくれるだろうとかなわぬ希望を抱き続けた。しかしブレントがハーネスをつけた時代は確実に過去のものだった。引退した盲導犬にとって、仕事に代わる楽しい生活がないわけではない。パーネルは現役の盲導犬なので、家具に乗ることは許されないが、ブレントはベッドの上で眠ることを許されるのだ。「これはブレントにとって引退したからこその特権ね」とシンディは説明する。「ところがそれに慣れた途端、ブレントったらベッドの端から下を覗き込んで、パーネルに向かって自分のステイタスをこれ見よがしに見せつけるようになったのよ。これはフェアじゃないわ。だから今は、パーネルに見えるところでベッドから覗き込むことは禁じているの」

パーネルが仕事に慣れるにつれ、ブレア一家はそれまで知らなかったパーネルの一面を発見した。「しばらく経ってから分かったんだけど、パーネルはほんとに遊ぶのが好きなのよ」とシンディは言う。「とても優秀な盲導犬だけど、遊ぶのも大好きなの」。一番のお気に入りはダンスだという。十五歳になるシンディの息子マイケルが膝をつき、その肩にパーネルが両足を乗せる。それからパーネルはマイケルにキスし、それを合図にマイケルは立ち上がって、ワルツを踊りながら部屋をくるくるまわるのだ。嬉しそうな黒いラブラドール・レトリバーの手を取りながら。

家でハーネスにつながれていないとき、パーネルはどこへ行くにもぬいぐるみをもって歩くそうである。羊毛のフリースを着た、ジンジャーブレッド・マンに似たぬいぐるみだ。パーネルはそれをくわえて歩き、それといっしょに眠る。「私がそのぬいぐるみを洗濯したら、パーネルはものすごく嫌がったのよ」とシンディ。「乾燥機の横に座って、乾くのを待っていたくらい。そして乾燥が終わった途端、まだ暖かいぬいぐるみを床にこすりつけて汚してしまったの。このあいだ、予備のぬいぐるみを二つ買ってきたわ。今のぬいぐるみが駄目になってしまったときのためにね。パーネルをハッピーにするためならなんだってするわ。あの子はそれだけのことをしてくれてますから」

夏になってブレア一家が裏庭のプールに水を張ると、パーネルは水に入りたくて仕方ないそぶりを見せた。それも当然である。ラブラドール・レトリバーというのは水が大好きなのだ。シンディはスーザン・フィッシャー－オウンズから聞いた話を思い出した。パーネルが子犬時代に道端の消火栓に頭を突っ込んだ、という話だ。しかしブレア家のプールは地面から高い場所に作られていたので、パーネルをなかに入れたら爪でプールの枠を破られ、庭が水浸しになってしまう恐れがあった。そこでパーネルには専用のプールを用意してやったのだという。子供用の小さなプールだ。水に浮く小さなボールやゴムボートもそろえてやった。パーネルは狂喜した。そして毎朝六時に裏庭に出ては庭仕事用のホースをプールまで引っ張っていき、水を満たしてほしいと家族に訴えるのだそうだ。

またパーネルは野球観戦も大好きらしい。若いマイケルのすすめもあって、シンディとパーネルはよくロチェスターのマイナーリーグのスタジアムに行き、デイゲームを観戦する。シンディが言うには「障害者用の席は特等席！」なのだそうだ。ホームと一塁のあいだにあるボックス席の真上にシンディとマイケルと並んで座り、パーネルはグラウンドの選手の一挙手一投足をじっとみつめる。ティーンエイジャーのマイケルは、野球場だろうとそのほかの場所だろうとパーネルといっしょにいたがるそうだ。体重三十五キロあまりの、茶色い瞳のハンサムな犬は、女の子をひきつけるのにもってこいの小道具だと分かったからだ。「きれいな女の子は可愛い犬を見るとかならずなでに来るのよ」とシンディは説明する。「パーネルには女性をひきつける何かがあるみたい。フィッシャーオウンズ夫妻も言ってたわ。パーネルは昔から女の人に人気があったって。そういうわけでうちの息子はパーネルを連れて歩いては、女の子たちになでさせてあげてるの」

シンディが一番驚いたのは、パーネルが一度覚えたルールをとことん守ろうとすることだった。オフのときは、自分専用のプールではしゃいで水飛沫《しぶき》を上げ、ときにはブレントも巻き込んで遊びに興じるのだが（とはいっても先輩としてつねに敬意は払っている）、ひとたびハーネスをつけると、どんなことがあっても気を散らしたり、仕事に対するやる気をなくしたりはしない。シンディがほかの人たちといっしょにいて、みなが横断歩道以外の場所で道を渡っても、パーネルはそれを真似たりはしない。シンディを横断歩道まで連れて行き、そこで道を渡るのだ。「ぜったいに近道をしないの」とシンディは言う。「だから目的地に着くのにちょっと余分に時間がかかることもあるわ。でもそれでいいの。そのほうが安全だって分かっているから。今まで飼ったどの盲導犬よりも、パーネルとは長い時間歩いてるわね。だから家族に言われて携帯電話を持つことにしたの。いつでも連絡をとれるようにね。パーネルはほんとに仕事に対する責任感が強くて、これまでしつけなんて必要なかった。いい子すぎて正直に気持ちを出さないのよ。いつか悪さをするんじゃないかと、ちょっと期待もしてるんだけど、そんなことはまずないと思うわ」

イースターサンデーのある出来事をきっかけに、シンディはパーネルに全幅の信頼を寄せるようになった。この日、シンディとパーネルは朝早く教会に行って子供たちが主宰する朝食パーティーに参加した。シンディの息子の友人で十六歳になる少年も会場におり、イースターバニーの着ぐるみを着ていた。大きな耳とぱたぱた音をたてる足、ふわふわした尻尾のついた着ぐるみだ。パーネルはその少年のことをよく知っていたが、身長百八十センチのウサギが会場をぶらついているのを見て、耳をピンと立て、ひげを緊張させた。仰天したようである。ガイディング・アイズで受けた訓練を振り返っても、人間のように歩き回る巨大な齧歯類《げっし》にどう対処すればいいか、答えは見つからない。パーネルは後ずさり、吠えたてた。不気味で巨大な怪物に出くわしたとき、どんな動物でも見せるリアクションだ。しかし彼は逃げ出したりはせず、攻撃もしかけなかった。

そして巨大なウサギの様子をしばらくうかがったのち、磨き上げられた直感をたよりに落ち着きを取り戻した。数ヶ月におよぶ訓練も冷静になる助けになった。生後七週間目のテストのとき、目の前で突然傘が開いたり、コインをつめた缶が転がってきたりして仰天したものの、パーネルはすぐに落ち着きを取り戻した。イン・フォー・トレーニング・テストのときにも、ラス・ポストが撃った三十二口径のピストルの音に驚いたが、状況を分析して安全だと判断した。このときも同じだった。パニックが収まると、彼は用心しながら巨大なウサギに近寄った。匂いが十分に嗅げるほど近くまで行くと、よく知っている少年の匂いを確認した。パーネルは尻尾を振った。ほっとしたのだ。自分も、そしてシンディも安全だと分かったからである。

記念日の贈り物

一方、二年間におよぶクレメンタインの長い物語を締めくくるにあたり、彼女はお利口なペットの見本のようになった、と言えたらどんなにいいだろう。実際のクレメンタインは以前とほとんど変わっていないが、ずいぶんと扱いやすくはなった。依然として兄弟に比べると体は小さく、ミミが失望したことに、顔のまんなかに走る白い線は消えなかった。滑稽と言っていいほど豊かな表情をした、元気いっぱいの小さな餓鬼大将だ。今では私たちが命令を出すと、目を見開いて一瞬まごついたような表情を見せる。まるで悪魔と天使から左右の耳にささやきかけられているように。そして自分はどうすべきなのか思い出すまで、心の中で天使と悪魔の激しいせめぎ合いが展開されるのである。

排泄のしつけは九十九パーセント完了した。トイレのドアが開いていてもその前を素通りし、トイレットペーパーをクチャクチャ噛んだりもしなくなった。同じ場所を行ったり来たりせずにかなり長い間じっと座っていられるようにもなったし、ミネルバやルイスにもちょっかいを出さなくなった。言わずもがなかもしれないが、ジェーンのスカートに飛び掛かるようなことはいっさいない。

愛情の豊かさは以前と少しも変わらない。できるだけ私たちのそばに座らないと気が済まないようだ。ハウスシッターたちも、私たちの留守中にクレメンタインがどんな愛敬のあることをやらかしたか知らせようと、楽しいメモを残してくれるようになった。それまで彼らがクレメンタインの素行について残したメモときたら、暗に仕事を辞めたいというメッセージのようなものだった。それを考えると、格段の進歩である。

本書をしたためている今、クレメンタインは二歳になろうとしている。二年といえばほんのわずかな歳月だが、クレメンタインはずっと昔から私たちの人生に関わっていたような気がする。一週間前のこと、私たちは結婚二十七周年のお祝いをした。ジェーンは例によってチョコレートケーキを焼き、私たちは素敵なプレゼントを交換し合った。しかし一番すばらしい贈り物をくれたのはクレメンタインだった。その日の朝、マイケルが書斎の机に向かって仕事をしていると、クレメンタインが駆け込んできて行ったり来たりをはじめた。「お座り」とマイケルに言われても、足をとめない。「自分の場所にお戻り！」マイケルはそう命じ、クレメンタインを書斎の外の廊下に出した。しかしクレメンタインは数秒もしないうちに戻ってきて、また行ったり来たりをはじめるのだ。マイケルはクレメンタインの顔をじっとみつめ、なぜかつての癖がまた復活してしまったのか、その理由を探ろうとした。どうもクレメンタインは落ち着かない様子だ。そこでマイケルは椅子から立ち上がり、クレメンタインを連れて階段のほうへ歩いていった。するとクレメンタインはマイケルの先に立って階段を駆け降り、フルスピードで裏口の扉に突進していった。そしてマイケルが扉を開けるや、ダッと駆け出し、芝生の上で排泄をはじめたのである。マイケルはそのあとクレメンタインを家のなかに入れ、頭をなでてほめてやった。それからクレメンタインは寝床に戻ってぷるりと体を震わせると、ほっとしたように吐息をつき、ふかぶかと体を横たえた。

もはや子犬とは呼べなくなったころになってようやく、クレメンタインは良心に目覚めたのだ。この一件が教えてくれたように、クレメンタインもついに善悪の区別がつくようになり、私たちに助けを求めることを覚えたのだった。名犬ラッシーのようにはいかないし、ティミーが井戸に落ちたと母親に知らせるほどの賢さは持ち合わせていないが、我が家のルールを守れるようにはなった。それで十分だ。

庭に残された糞便など、本来なら結婚記念日の贈り物にはならないだろうが、私たちにとってファミリーの結び付きを象徴するものとしてこれほど喜ばしい贈り物は思い当たらない。子犬という愛らしい時代を卒業しようというとき、クレメンタインはようやく我が家の群れのなかで歓迎される存在となった。クレメンタインは私たちの言葉を理解し、私たちもクレメンタインの言葉が分かるようになった。穏やかな生活が戻ってきたのだ。何と素晴らしいことだろう。

子犬の買い求め方

子犬を買い求めること、それは人生のなかでも心浮き立つ出来事である。生まれたての子犬を抱きあげ、その丸まるとした身体が腕のなかでくねくね動く感触を味わうときがきたのだ。子犬がおもちゃや仲間たちを追いかけて床を転がるように走り回り、やがて疲れて眠りに落ち、重なり合いながらスヤスヤ眠る、そんな様子を眺めて暮らすときが。生まれたばかりの子犬はどれもただただ愛らしい。どれか一匹を選ぶのはとても難しいだろう。どの犬を選ぶかには直感がものを言うが、冷静に吟味することで最良の選択をなすことができる。

基本的なポイントははっきりしている。大型犬を買うか、それとも小型犬か。運動好きな犬種を選ぶか、室内犬にするか。毛の長いタイプがいいか、短いタイプがいいか。純血種にするか、雑種にするか（二五九ページの「犬種の選び方」をヒントにされたし）。どういう犬がほしいか決まったら、次はどこで買い求めるかを決めねばならない。子犬の入手先はさまざまだが、どれにも長所と短所がある。

ブリーダーから買い求める

なぜ犬を飼いたいのか、その理由によってどこから子犬を買い求めるかは変わってくる。ドッグショーで栄冠を手にしたいのなら、純血種を飼うべきだ。ドッグショーは血統の純度を競う場だからである。純血種を買うとなれば、ブリーダーのもとを訪れるのがベストだろう。ブリーダーが販売している子犬たちは血筋もよく、ドッグショーでの入賞経験を持つ家系につらなっているからだ。

アメリカン・ケンネル・クラブ（ＡＫＣ）発行の冊子には、子犬はブリーダーから購入すべしと記されているし、愛犬家のあいだでもそれは常識とされている。純血種を絶やさず生産して金もうけしている人々はさておいて、特定の品種を専門に育てているブリーダーから犬を買えば、多くのメリットにあずかることができる。とりわけどの犬種を買うか決めている場合にはメリットは大きい。ブリーダーは専門家として、その犬種がどういったライフスタイルのなかで健康に育つか、どんな癖を持っているか、成長の各段階でどんなトラブルが起きるか、どんなふうに世話をすればいいか、などを教えてくれるからだ。またブリーダーのケンネル――家の空き部屋を利用して作ったものから独立した一個の施設まで規模はさまざま――を訪れてみれば、ペット候補の両親や祖父母、叔父や叔母にも会うことができるだろう。そうすることによって、子犬が成長してどんな犬になるのか、かなり詳しく推し量ることができる。さらに子犬が生後七、八週間のあいだ――性質を形成する重要な時期――どんな環境で暮らしたかを確認することもできる。清潔でこぎれいな環境にこしたことはないのだが、部屋を必要以上に清潔に保とうと努力する人もいる。しかし私たち哺乳類の大半と同様に、子犬も愛情とぬくもりに満ちた環境であればすくすく育つわけで、多少部屋が散らかっていても大丈夫なのだ。家族の一員としてペットを飼うつもりなら、そういう環境で育てられた子犬を選べばきっとうまくいくだろう。

一口に「ブリーダー」といってもいろいろな人がいる。ドッグショーに参加しようと真剣に犬を育てている人もいるし、温度調節機能付きのケンネルをもち、何十匹もの犬をかいがいしく世話してくれるスタッフを雇い、趣味で犬を育てているお金持ちもいる。また種用の雌犬を飼って、子犬のために厚紙でつくった犬小屋をクローゼットに用意する愛情深い動物愛好家もいれば、金もうけのことばかり考え、子犬を野菜同然にあつかう心無い「子犬製造人」もいる。あるいは、かつて農村の子供たちがそうであったように、動物の出産に立ち会い子育て法を学ぼうと、すすめられて子犬を育てている4Hクラブ（農村青少年を主とする組織）の少年少女もいる。ドッグショーの審査基準を満たすような完璧な犬がほしい場合、ブリーダーを見つけるのに最適の方法はドッグショーに足を運んで、お目当ての犬種が審査されている場所に行ってみることだ。もしくはAKCやARBA（アメリカン・レア・ブリード・アソシエーション）を介して地元のブリーダークラブにコンタクトをとるという方法もある。またアマチュアのブリーダーは新聞の広告欄やスーパーマーケットの掲示板に子犬の広告を載せることがあるので、それをチェックするのも手だろう。子犬の販売業者は通常、ブローカーを通じてペットショップに「商品」を販売しているので、顧客が直接コンタクトをとることはできない。

信頼のおけるブリーダーから子犬を買い求めれば、のちのち悲惨な思いをすることはまずないだろう。ブリーダーとは苦労もかえりみず雌犬の出産を手伝っている人たちである。手放した子犬が新しい飼い主のもとでどんなふうに暮らしているか常に気にかけているし、数ヶ月、あるいは数年後であろうと、犬の病気や精神的な問題に関して喜んでアドバイスを与えてくれるはずだ。私たちの知っているブリーダーの多くは子犬たちの幸せを願うあまり、買い手に無条件で代金を返還することさえある。いついかなる理由であろうと、飼い主がもはや犬を飼えない状況におちいった場合、その犬を引き取るのである。たとえば私たちの知り合いのある心優しいブリーダーは、九年前に子犬を買ってくれた人からある日電話を受けた。その人は近々引っ越す旨を告げ、新居での暮らしには犬がいると不都合だと言った。それでそのブリーダーは九歳になる犬を引き取ったのである。彼は主人から見捨てられた中年の犬を温かく迎えいれ、冷淡な人間に犬を売ってしまった自分の判断ミスを悔やんだ。

ベテランのブリーダーから犬を買うことの最大のメリットは、その犬種を専門に育てている人と知り合いになれることだろう。犬が健康を害しても、そのブリーダーに聞けば秘伝の対処法を詳しく教えてもらえるだろうし、その知識は一般開業の獣医には望めないほど深い。たとえば、クレメンタインの卵巣切除手術の前に、私たちはミミ・アインシュタインから聞いて、麻酔薬によってはブルマスチフに対して副作用を起こすということを知った。どの獣医学の本にも載っていなかったことである。

とくに、高価で珍しい純血種を買い求める場合、ブリーダーと取り決めを交わし、その犬を種用の父親、もしくは(非常にまれだが)母親とすべく何度かブリーダーに預けるという約束を交わしたり、その犬がチャンピオンの座にいるあいだブリーダーがドッグショーに連れて行くことを認める約束をするケースもある。可愛がるためだけに犬を飼いたい場合や、飼い犬の精子や子宮をブリーダーに提供するのは気が進まない場合、こうした取り決めを交わすとあとあと後悔することになる。逆にブリーダーの仕事やドッグショーに興味がある人にとっては、そうした世界に足を踏み入れる格好のきっかけになるだろう。

ブリーダーから子犬を購入することにはデメリットもある。まず、ドッグショーで入賞する可能性のある子犬はかなり値が張る。一般的に千ドルはくだらないだろう。たいていの場合はそれ以上の値段がつけられているので、買い手は犬をドッグショーに出したり、繁殖に用いたりするつもりの人にほぼ限られる。気立てのよいペットがほしいだけなら、良きペットになるのに不必要な資質のために大枚をはたくことになるだろう。

ブリーダーから子犬を買う場合のもうひとつのデメリットは、純血種の犬の多くが抱える重大な問題、すなわち遺伝病に悩まされる、ということである。純血種は遺伝子のプールが限られているため、たとえ健康そのものに見える種であっても、新しい血が混じらないせいで隠れた欠陥が代々引き継がれていくのだ。そのためレトリバーやシェパードは腰の形成異常をおこしやすく、グレートデンやニューファンドランドは心臓病にかかりやすい。またブルテリアは衝動的に激怒する傾向をもち、シャー＝ペイはまぶたの病気にかかりやすい。

もうひとつデメリットを挙げておこう。ブリーダーの多くはドッグショーに積極的に関わり、入賞するために必要な身体的特徴や性質に磨きをかけようと努力しているが、それらは良きペットとなるには必ずしも必要なものではない。怖いもの知らずの「意気盛んな」テリアは、ドッグショーでは栄冠を手にするだろう。しかし厳しいしつけでもって犬の生来の傍若無人な性質を矯正する気のない飼い主や、矯正する力のない飼い主にとっては、そうした性質は厄介なだけだ。またブルマスチフにとって巨体はドッグショーで優勝するための条件だが、視点を変えれば関節炎といった骨格の病気を引き起こす原因なのである。

最後に付け加えておくが、ブリーダーから犬を買うということは、自他共に認める動物愛好家を相手にするということだ。動物への愛情が昂じて人生を捧げるまでに至った人々である。どんな種類の愛情もそうだが、犬への愛情も人を盲目にしてしまう。愛する犬の欠点や弱点を率直に認めることのできるブリーダーはめったにいない。シッパーキの愛好家が、自分の犬は潑剌として愛敬があり、利発だと熱狂的に語るのもむりはない。シッパーキにネズミを殺す本能があることや飼い主の家族全員をひとつの部屋に集めようとする癖があることを話し忘れたとしても、悪気はないのである。ブルドッグのブリーダーはブルドッグを美しいと思っているし、「暑くなるとブルドッグはよくよだれを垂らします」とは注意しても、そのよだれのせいで柔らかかったソファーのクッションが恐竜の皮膚のように硬くなってしまい、ねばねばした不快な手触りに変わると具体的に説明してくれる人はほとんどいない。どの純血種にも好ましくない性質がある。しかしそれがどういう性質なのか、ブリーダーが教えてくれるとは限らないのだ。

保護団体から買い求める

全国的なネットワークをもつブリーダークラブにしても地方のブリーダークラブにしても、その多くは純血種を「保護」する活動を行っている。こうした活動の規模はさまざまで、裏庭のケンネルに予備の飼育部屋を一、二個備えているだけの団体もあれば、十分なスタッフと立派な施設を備え、親のいない犬や捨て犬を保護しているところもある。どの犬種を飼うか心が決まっていて、子犬でなくてもかまわないというなら、こうした保護団体は犬の入手先として最適かもしれない。保護団体にいる犬の多くは、飼い主のもとにいられなくなって保護されたため、たいていは子犬と呼べる年齢を過ぎてしまっているからだ。しかし、保護団体にいる犬、と聞くと不安に思う人もいるだろう。飼い主に捨てられたのは、手に負えないほど性格が悪かったからではないか、と。しかし私たちがこうした団体で出会った犬たちの多くは愛らしい性質の持ち主だった。保護団体に預けられるにいたったのは彼らのせいではなく、離婚や経済的事情、ドッグショーで賞を取りそこねたなど、飼い主の勝手な都合が原因なのである。

こうした保護団体は営利目的ではなく、犬への愛情から活動しているので、買い手に対してもわずかばかりの金額しか請求しない。さらに団体で働く人々はそれぞれの犬種に関して豊富な知識を持っているし、買い手が選んだ個々の犬のこともよくよく理解している。地元の保護団体をみつけるにはドッグショーに顔を出し、お目当ての犬種の審査が行われている会場に行ってみることだ。そうすればその地域で保護活動を行っている人を紹介してもらえるだろう。

シェルター（保護施設）から買い求める

人道的なシェルターから子犬（もしくは成犬）を引き取ったあなた。人生の履歴書に金星をつけてください。あなたは犬を安楽死の運命から救い出したのだ――飼い主に捨てられ、シェルターに行き着いた犬の大部分が安楽死の運命を辿る――。さらに言えば、野良犬として生きる惨めな人生や暴力をふるう飼い主のもとでの悲しい人生からその犬を解放してあげたことにもなる。

シェルターから犬を引き取ることには、良い行いをしたと誇らしい気持ちになれるだけでなく、多くのメリットがある。まず価格が安い。百ドルを超えることはまずないし、その金額には主だった予防注射や避妊手術、去勢手術の費用も含まれているのだ。さらにたいていのシェルターは、買い手に子犬を引き渡す前に獣医による簡単な健康診断を済ませてくれる。シェルターのスタッフに聞けば、どこで見つかった犬なのか、犬種は何かなど、ある程度の情報が得られるだろう。

まったく素性の知れない犬にしても、餌をやって世話をしているスタッフと話をしてみればいろいろなことが分かるだろう。犬の性質を知るには、彼らが一番の情報源だ。シェルターに保護された犬の場合、本当の性質を見極めるのはとくに難しい。他の犬たちがしきりに吠えたり、くんくんキャンキャン鳴いているような騒がしい環境にいると、もともとは穏やかな犬も苛立ってしまうものだ。また何日も鎖につながれていた犬は、いつもよりさかんに動き回るだろう。シェルターにやってきたばかりの犬が、あばらが浮き出るほど痩せていてもぎょっとしてはいけない。慢性的な病気を患《わずら》っていない限り、飼い主から虐待を受けたり捨てられたりしたことが原因で落ちてしまった体重ならば、ほどなくもとに戻るものだ。

シェルターから犬を引き取った人の多くが報告しているのだが、犬は自分が救い出されたことを自覚しているらしく、その恩に報いるべく良い犬になろうと努力するようだ。幼いころ常に空腹と寒さに耐え、淋しい思いをしてきた哀れな犬は、新しい飼い主に引き取られたことによって感無量の心境になり、これからはきちんと食事を与えられ、暖かいベッドで眠り、優しい主人と暮らせるのだと確信するのだろう。彼らは感謝の念に満ち、新しい飼い主を恩人と思うのである。

その反面、不安定な要素もある。シェルターから引き取った愛らしい子犬がじつは恐ろしい闘犬の血を引いていて、残忍な性質をあらわにしていくかもしれない。暖かく愛情に満ちた環境にいれば、そのうち性格も良くなっていくかもしれないが、生まれながらに邪悪な犬もなかにはいるだろう。素性の定かでない犬を引き取った場合、その犬が将来何の前触れもなくペットの猫の喉元に、あるいは主人の喉元に噛みつかないとも限らない。また生後間もないころの経験がトラウマとなって、どうやってもまともな性格になれない犬もいる。野良犬だったころの飢えを引きずるあまり食欲がけっして満たされず、マーロン・ブランド並みの体形になる、という程度なら笑い話ですむが、幼いころに虐待を受けたせいで、人間が腕を上げるのを見るたびに怯えてしまう、というような深刻なケースもある。それほどひどい話でなくても、生後八週間のときには愛らしかった子犬が、一歳になる頃には愚鈍で醜い犬になってしまうこともありうる。親や祖先がどんな犬か分からない以上、どんな性質が親から遺伝しているか、成長してどんな犬になるか、はっきりと予想することはできない。また、シェルターには純血種の小型犬はめったにいないし、雑種にしても小型犬はほとんどいない。

言わずもがなのことだが、ドッグショーに参加させるために純血種の犬を買いたいなら、シェルターに行っても無駄である。シェルターに保護された捨て犬はまず血統書など持っていないし、ほとんどが雑種なのだ。

ペットショップで買い求める

犬を幸せにしようと心を尽くしている人々は、ペットショップを毛嫌いし、ペットショップなどで犬を買うべきではないと言う。ペットショップは金もうけに腐心しており、犬を大量生産しては生鮮食料品のように販売し、「賞味期限」が切れて愛らしい子犬の時期を過ぎてしまえば情け容赦なく始末することさえあるからだ、と。

心優しい愛犬家が経営する家庭的なペットショップもまれにあって、そうした店は信頼のおける地元のブリーダーから犬を仕入れている。しかし毎年ペットショップで販売される五十万匹の子犬の大半は、儲け第一主義の業者から仕入れられているのだ。こうした業者は「子犬生産工場」とも呼ばれ、年間数千匹もの子犬を生産しているが、犬の健康や幸福などにはまったく頓着していない。マーク・デールがペット産業の実態を暴いた著書『*Dog's Best Friend*』に書いているとおり、こうした工場で生まれた哀れな犬たちは「不潔なケージのなかで誕生し……薄暗く暑い――あるいは寒い――トラックの荷台につまれてペットショップに運ばれ、社会性を身につけるのにもっとも大切な時期を孤独のうちに過ごす」。その結果、臆病になったり、狂暴になったり、そばに誰かいないと不安になったりしてしまうのである。こうした性格はしつけによっても修正できない。

　ペットショップで売りに出されている子犬に「ＡＫＣの血統書登録つき」と表示されていても、それはたんにその子犬の両親の血統書が登録されていて、正規の書類手続きが完了している、という意味にすぎない。血統書登録つきだからといって、その犬の健康状態や性質が保証されているわけではないし、その犬種に求められる身体的特徴が備わっているとは限らないのだ。純血種の犬の生産を批判し、犬族の生存力を強めるために雑種化を叫ぶ人々に言わせれば、ＡＫＣの血統書登録というのはその犬が将来その種特有の遺伝病にかかることを保証する書類と同じなのである。「純血種の犬がどれほど高い確率で遺伝病に冒されるか、その恐ろしい事実からAKCは目をそらし続けている」とマーク・デールは記している。「AKCの血統書登録をもつ犬の四匹に一匹、すなわち二十五パーセントが、現在確認されている三百の遺伝病の最低ひとつにかかっている。犬種によってはある病気に九十パーセントの確率でかかるものもある」（ペットショップのなかには子犬が健康であることを示す保証書を提示するところもあるが、気の弱い飼い主は、買った犬がひどい病気にかかってしまっても返品することができず、面倒をみる羽目になってしまうだろう）。

ペットショップで売られている犬の淋しげな様子を見て、温かい家庭を与えてやりたいと思う心優しい人もいる。愛情に満ちた飼い主に引き取られれば、その犬はまちがいなく幸せになれるだろう。しかしその犬がいたケージには、ペット産業が生み出した別の不幸な犬がすぐさま入れられるだけだ。その現実を忘れてはいけない。

ペットショップから子犬を買う方法として最近人気を集めているのがペットショップ主催の「ペットフェア」で、そこでは地元の保護団体に引き取られた貰い手のない犬が売りに出されている。こうしたフェアで犬を買えば、「子犬製造工場」を直接潤すわけではないので、罪悪感に悩まされずにすむだろう。さらに犬の世話に必要な品々もその場で購入できる。

野良犬を拾う

思いがけず子犬を飼うことになったら、つまり道で野良犬に出くわし、家で飼うことになったら――、それは何とも不可思議な経験になるかもしれない。野良犬を飼うことでどれほどの苦労を味わうことになるか、それは目にみえている。その子犬が成長してどんな風貌の犬になるか、どんな性格になるか、飼い主は想像するしかない。さらに突然ペットの世話という責任が押し寄せてきて、大変な思いをすることだろう。

一番肝心なことだが、犬を拾ってきたらまず、それが近所の飼い犬でないことを確かめよう。「迷子」の犬をみつけた場合、善良な市民としてまずなすべきことは、近所に張り紙をはったり、地元の獣医に知らせたり、新聞の広告欄に広告を載せたりして飼い主をみつけだすことだ。拾ってきた犬に愛着がわいたころになって、本当の飼い主から連絡があった場合――そしてその人が子犬の飼い主としてどう見ても失格だった場合――は悩みどころである。人生相談員や牧師に相談して決断を下すしかないだろう。

ペットの性

多くの人にとって、雌の卵巣を摘出したり若い雄に去勢手術を施したりするのは辛い経験である。犬の身になって、自分が生殖器を奪われてしまったように感じるのだ。かわいそうな子犬、と大袈裟に考えてしまう。もはや自分の子供たちの駆け回る足音を聞くこともなければ、親としての誇りを感じることもない。たくさんの子供を授かって温かい家庭を築くこともなければ、若くて健康だというのにセックスの喜びを味わうこともないのだ、と。

ペットを去勢する（「去勢」とは何と遠回しな表現だろう！）ことについてこんなふうに考えるのは奇妙かもしれない。しかし正直な話、たとえときどきであろうとペットの性生活を自分の性生活になぞらえない人など果たしているだろうか。ペットの性生活も私たちの性生活も同じだ。無抵抗に性生活を放棄する人がどこにいるだろう。しかしペットに去勢手術を施すことにはもっともな理由とメリットがあるのだ。

ふつうのペットとして飼われている犬の場合、生殖器が機能していない状態、つまり繁殖行動を誘発するホルモンが活発に分泌されていないほうが健康だし、機嫌もよい。犬を飼っている人のほとんどは、ペットが発情していないときのほうが扱いやすいと感じているだろう。それにせっかく生まれたものの貰い手がなくて動物虐待防止協会に引き取られ、ケージのなかで安楽死のときを待つような犬が減れば、犬にとっても人間にとっても幸いではないか。家族の一員あるいは仲間として犬を飼うならば、去勢手術を施すのは正しい判断といえよう。

雄の場合は生後八週間から手術を受けることができるが、おそくとも生後六ヶ月までには済ませておきたい。生後六ヶ月以前なら雄としての行動パターンがまだ確立されていない。したがってその時期に去勢手術をしておけばソファーにマーキングをすることもあまりないし、雌を求めて近所をうろつきまわることも、ほかの雄と喧嘩をすることも、人間に噛みつくこともないだろう。狩猟犬や使役犬は去勢手術を施すことでさらにルーティン・ワークを習得しやすくなり、仕事中に気を散らされるもっとも大きな要因から解放される。たとえば盲導犬は例外なく去勢手術を受けている。そのほうがより仕事に集中できるからだ（去勢手術の際は陰囊から切除される）。

卵巣を摘出した雌にも同様のメリットがある。しかし手術を受けた雌と受けていない雌との違いは雄に比べるとさほど明確ではない。卵巣を摘出しておけば子宮膿腫などの子宮の病気にかからずにすむし、発情期を迎える前に手術を済ませれば乳癌にもかからずにすむ。また年に二回の発情期にじゅうたんを汚されることもなくなる。さらにフェロモンを発して発情した雄をひきつけることもない。そして一番重要なことだが、卵巣をとった雌は妊娠しない。思いがけず妊娠してしまった雌に中絶手術を施すとなると、それは飼い主にとって悲しくやりきれない出来事だし、雌の健康を損ねることにもなる。

たとえ妊娠が予定通りの事態だとしても、その後の世話は飼い主が思っているよりずっと大変だ。いままで犬を育てたことのない人に忠告しておくが、子犬を育てるというのは楽しいことばかりではないし、母性本能をかきたてられるような経験でもなければ、新しい命の輝きに満ちた日々でもない。妊娠した雌犬の世話をし、分娩を手伝い、子犬を育てるというのは莫大な時間とコストを要する大仕事なのだ。ひっきりなしに新聞やタオルをとりかえ、母犬のミルクの出が悪い場合（よくあることだ）、何週間ものあいだ睡眠不足と戦いながら子犬たちの世話をしなければならない。たとえ万事が順調にいって、子犬たちが残らず健康に成長したとしても、糞尿の処理に追われる日々は避けて通ることはできないし、子犬たち全員に責任をもっていい飼い主をみつけてやらなければならない。ところがいい飼い主といっても、なかなか簡単にみつかるものではない。チャンピオン犬のブリーダーであるとか、たまたま運良く流行の犬種を飼っているとかいうのなら話は別だが。だから飼っている犬がドッグショーで金賞を受賞するような犬でない場合（いや、そうした犬であったとしても）、子犬を売って得る利益はほんのわずかか、あるいはまったくない、と覚悟しておいたほうがよい。

去勢手術を施さないことのメリットがひとつだけある。その犬の遺伝子を後世に残せることだ。ドッグショーは純血種の血筋を絶やさないことを目的としているため、参加できるのは生殖器官が正常に機能している犬に限られる。だから重大な健康問題もなく、その犬種を代表するような美しい犬であった場合、子供をもうけることでその犬種の繁栄に貢献することになるのだ。ふさわしい配偶者がみつかれば、その犬をそれほどすばらしい犬に仕立て上げた形質が子孫たちにも受け継がれることだろう。

子犬の適性の見極め方

愛情に満ちた環境を与えてやれば、子犬はめざましいほどの変貌を遂げ、独立心旺盛な成犬になるものだが、基本的な性質は何をもってしても変えられない。「犬種の選び方（二五九ページ参照）」のチャートに示したように、どの犬種にも先祖代々受け継がれた独特の気質が備わっている。ブルドッグは粘り強さを、ジャーマン・シェパードは忠誠心を、プードルはウィットを、という具合だ。そして同じ犬種に属する犬はそうした気質や習癖を共有している。しかしこうした気質とは別に、それぞれの子犬には個性がある。あるラブラドール・レトリバーと別のラブラドール・レトリバーの性格の違いは、ラブラドール・レトリバーとコッカー・スパニエルの違いよりも大きい場合があるのだ。

純血種であろうと雑種であろうと、子犬を買い求める場合、その子犬が成長してどんな犬になるか見極めるには、その両親に会ってみるのが一番である。遺伝子もたまには思いがけないミスを犯す（我が家のブルマスチフ、クレメンタインのように）が、たいていの犬は祖先とほぼ同じような性格を受け継いでいる。しかしシェルターなどから引き取る場合は、その犬の親には会えない。また子犬の家族や親戚に一匹残らず会ったとしても、子犬には一匹一匹個性がある——たとえば大きいものもいれば、チビさんもいる——ので、大勢のなかから一匹を選び出すにはそれぞれの個性を見極めなくてはならない。

子犬の家族に会ったり、その子犬が飼われている家庭を訪問したりするのもいいが、それ以上に子犬の性格をはっきり見極めるには、行動テストをやってみることだ。ガイディング・アイズ・フォー・ザ・ブラインドの繁殖センターで行われている適性テスト（二二～二七ページを参照）のようなものである。テストは合格不合格を判定するためのものではない。また見逃せないほどの欠点——人間を皆殺しにしようとしたとか、何であろうと動くものを怖がる、など——があった場合は別だが、テストから分かるのは子犬の生来の気質やこれからどんな性質が発達していくかについてのヒントだけである。

テストを実施する前に、自分はどんな犬がほしいのかを明確にしておく必要がある。好奇心旺盛な犬がいいのか、はたまたひねもす昼寝をしているような犬がいいのか。働き者がいいのか、お調子者がいいのか。勇敢なハンタータイプがほしいのか、心優しい相棒がほしいのか。テストを行えばこうした性質をある程度見極めることができるのだ。例えばガイディング・アイズ・フォー・ザ・ブラインドでは盲導犬に適した性質を判定するが、そうした性質——独立心や粘り強さ、所有欲など——はペットして飼われるぶんには必ずしも必要ではない。行動テストのポイントはここにある。「もっとも優秀な」子犬を選ぶのではなく、あなたがほしいと思うペットの条件に一番近い子犬を選ぶことだ。そのためにはテストする犬がどんな役割に向いているのか——高潔な任務に向いているのか、あるいはただのペットに向いているのか、はたまたその中間か——を正確に見極めなくてはならない。

生まれてから兄弟や母親といっしょにふつうに暮らしていた犬なら、生後七、八週間もすれば先天的な性格が表面に現れるようになる。このころはまだしつけらしいしつけも受けておらず、いいものにしろ悪いものにしろ習慣もほとんど身についていないので、生来の気質も影をひそめていない。適性と性格を判定するにはもってこいの時期なのだ。

テストは、子犬がくつろげるような環境で行うのが望ましい。また兄弟や母親などがいると子犬はそちらに気を取られてしまうので、そうした集中力をそらすような要因も排除したほうがいい。さらに食事と食事のあいだを選んだほうがいいだろう。お腹がすいていると子犬は食べ物のことばかり考えてしまうし、逆に満腹だと昼寝をしたがってしまうからだ。テストをする側の態度も重要だ。リラックスした態度でのぞみ、ちょっとした遊びのようにテストをすすめれば、緊張感を子犬に伝染させてしまうこともないだろう。

社交性のテスト

子犬から数メートル離れたところにひざまずき、子犬のほうを向いて静かに手をたたいたり、舌を鳴らしたり、口笛を吹いたりする（大きな音を立てたり、急に動いたりしないこと）。人なつっこい犬ならば、好奇心を刺激されてあなたのほうを向き、尻尾を振って、遊んでほしそうに近寄ってくるだろう。そうでない犬は近寄ってこないか、その場を離れてしまう。並外れて臆病な犬だとあなたのそばから逃げ、部屋の隅に走っていくだろう。性格の悪い犬ならば、あなたに飛びかかって、噛みつこうとするだろう。

抱かれるのを嫌がらないか

私たちがなぜ犬を飼いたがるかといえば、素朴なふれあいが無性にほしくなったときに暖かく手触りのいいものを抱けるからではないだろうか。抱かれるのを嫌がらない犬はあなたの心を癒し、実際に血圧を下げてくれるのだ。しかしそういう犬ばかりとは限らない。この点をテストするには、床に伏せ（こうすれば上から見下ろさずにすむので、子犬も怖がらない）、子犬を優しくなでながら（とんとんたたいたり強くなでたりしないこと）静かに語りかける。どんなことであろうと子犬に無理強いしてはいけない。子犬があなたのそばで気持ちよさそうにくつろいでいれば、大きくなっても抱かれるのを嫌がらないだろう。ごろりと横になって、失禁してしまう子犬もいるかもしれない。どちらも服従を表す行動で、扱いやすい性格であることを示している。攻撃的に噛みつこうとする犬は、要注意だ。好奇心からいろいろと口にくわえようとするのは正常な行動だが、おいおい矯正していく必要がある。愛情に満ちたジェスチャーを見せても無視したり、怖がってしまう犬は暖かく人なつっこい犬にはならないだろう。

独立心のテスト

犬に仕事をさせるつもりはなく、ただペットとして飼いたいだけなら、あまり独立心の強い犬は必要ないかもしれない。かといって卑屈に振る舞ったりへつらったりするような犬も好ましくないだろう。犬の独立心をはかるには、いっしょに遊んでやってリラックスさせてから立ち上がり、静かにその場を離れてみる。不安がっていない犬は嬉しそうに尻尾を振ってついてくるだろうし、かといってもっとかまってもらいたいとクンクン鳴いたり寝そべったりもしない。ついてこなかったり逆の方向に行ってしまう子犬は自立心旺盛な犬に成長するだろう。

従順さのテスト

できるだけ優しく子犬を仰向けにし、一分間押さえつける。どの子犬もほぼ例外なく多少はじたばたもがくだろう。しかしすぐにリラックスし、あなたの目を見てじっと動かなくなれば、その子犬はかなり従順だといえる。逆にいつまでたってももがいたり、体をこわばらせてあなたの目を見ようとしない子犬は強情なタイプだ。噛みつこうとする子犬だと、しつけにてこずることになるだろう。またもがくこともせず、あなたの目を見ようともしない子犬の場合、人間のよき助手として仕事をするには向かないだろう。

好奇心のテスト

あなたがペットに何を期待するかによって、犬の好奇心は望ましい要素にも、そうでない要素にもなりうる。庭に寝そべって日がな一日通りを眺めているような犬が理想なら、好奇心のほとんどない子犬を飼ったほうがいい。逆に野生のなかに踏み入って本格的なハイキングをするときのお供としたいなら、あちこちかぎまわって探索したがる犬のほうがいいだろう。この点を調べる簡単なテストとして、大判のタオルや布を用意し、床を引きずって歩いてみせる。そのときまっすぐに引きずったり、ジグザグに動かしたり変化をつけてみよう。子犬はどんな反応を示すだろうか。奇妙な動く物体に興味をもち、それを引っ張って調べてみようとしたら、かなり好奇心の強い犬だといえる。興味はもったものの怖がって近寄ろうとしなかった子犬は、さほど好奇心は強くない。走って逃げ去ってしまった場合は、成長しても臆病な犬になるだろう。タオルを攻撃して「殺そう」とする子犬は、飼い主の手に負えないほど狂暴な性質の持ち主かもしれない。

音に対する好奇心のテスト

このテストは、先天的聴覚障害の多いダルメシアンや耳の聞こえない先祖をもつ犬に受けさせることもできる。子犬と向き合い、別の人に子犬から見えない場所に立って大きな音をたててもらうのだ（たとえば小銭をつめた缶を転がす、など）。聴覚が正常であれば、子犬は仰天する。問題はそのあとだ。パニックにおちいって逃げ去ったり、怖がって身をすくめてしまうだろうか。あるいは、最初は怖がったけれどもすぐに気を取り直し、音のしたほうを振り向いて原因を調べに行くだろうか。番犬をお望みなら、音に対して非常に敏感で臆病でない犬を選ぶ必要がある。反対に開け放った窓の前を車が通りすぎるたびに吠えたてる犬では気が変になるというなら、耳慣れない音に対して過敏に反応しない子犬を選んだほうがいいだろう。

人間とともに働く能力のテスト

ただ家で飼うだけでなく、犬とともに何かしたいとお考えなら、高度なゲームや本格的な労働などで人間と力を合わせることを楽しめる犬を選んだほうがいい。こうした適性をテストするにはいくつか方法がある。

・ボールやぬいぐるみをもって子犬の注意を引き、部屋の向こう側に投げたり転がしたりする。何の反応も示さない子犬は、あなたと協力し合うことにあまり興味を示さないだろう。ボールやぬいぐるみを追いかけて、好奇心いっぱいに匂いを嗅ぐ子犬は、技術を学んだり人間と力を合わせて働くことに向いている。さらにボールをくわえてあなたのもとに運んでくる子犬は、生まれながらの狩猟犬だ。ではボールのところに走っていって攻撃する子犬は？　こうした攻撃性は、必ずしも悲惨な結果をもたらすとは限らないが、専門家の手に委ねて矯正してもらったほうがいいだろう。

- 子犬がボールを追いかけたり、拾って戻ってきたりしたら、手や足でボールをしっかり床に固定してみよう。子犬はしゃにむにボールを奪おうとするだろうか？　こうした粘り強い子犬は、捜索救助やそのほか障害や困難を乗り越えて任務を果たすような仕事に大変向いているが、普通のペットには不向きかもしれない。またボールやぬいぐるみにすぐに飽きてどこかへ行ってしまう子犬は、カウチポテト向きだろう。
- ボールを顔ほどの高さまで上げて、子犬の集中力の範囲をテストしてみよう。このとき子犬の目を見ること。あなたの目を見ようとしなかったり、すぐに気が散ってしまったりしたら、その子犬は我が道を行くタイプで、誠心誠意仕事に打ち込むタイプではない。逆に集中力が持続し、目をそらさない子犬は進んで学び、働くタイプだといえる。

盲導犬を育てるためのカリキュラム

カリフォルニアのサンラファエルにあるガイド・ドッグズ・フォー・ザ・ブラインドから視覚障害者に引き渡される盲導犬の大半は、4Hクラブのメンバーで、かつ「パピー・クラブ」に所属する少年少女の手で育てられる。里親となった少年少女は生後十二週間の子犬を預かり、盲導犬として正式な訓練を受けるにふさわしい、行儀のよい成犬に育てあげるのだ。彼らはその過程で喜びと試練を味わい、洞察力を養っていく。

里親のもとに預けられる前に、子犬たちはジステンパーやA型肝炎、レプトスピラ病、パラインフルエンザ、パルボウイルスなどの予防接種を受け、寄生虫も駆除される。しかし生後四ヶ月で受ける狂犬病の予防接種は、里親の責任で済まさねばならない。ガイド・ドッグズ・フォー・ザ・ブラインドの近くに住んでいる里親なら、ここで検診や治療、予防接種などあらゆる医療措置が受けられるし、費用も全額補償される。医療費以外の出費、たとえば食費や玩具代、旅費などは里親の負担となる。

子犬の健康管理もさることながら、里親に求められる一番の仕事は、子犬を教育して盲導犬に向いた性格に仕立て上げることだ。「愛情に満ちた家庭で育ち、外の世界について学ぶ機会に恵まれた子犬だけが盲導犬になる可能性をもっているんです」とガイド・ドッグズ・フォー・ザ・ブラインドのスタッフは説明する。

「愛情に満ちた環境」というのは最低限の条件である。盲導犬候補を育てる仕事は、ペットを育てるのとは違って重労働なのだ。二年間にわたって、子犬は里親のもとで厳しいしつけを受ける。この二年のあいだ、里親とその家族は当然ながら誠心誠意世話をするわけだが、その友人や近所の住人、そのほか訓練中の犬と関わりを持つすべての人も気をつかい、配慮しなければならないのだ。ガイド・ドッグズ・フォー・ザ・ブラインドはこの点を次のように説明している。「里親の仕事をまっとうするには時間とお金、エネルギーが必要です。そして寛大な心も。なぜならせっかく預かった子犬は、いつか盲導犬として誰か他の人の飼い犬となってしまうわけですから。里親は一生懸命に子犬を育て、訓練しなければなりません。スリッパをずたずたにされたり、じゅうたんを汚されたりもするでしょう。しかし里親の愛情としつけがあってこそ、子犬はバランスのとれた円満な犬に育つのです」

子犬が学ぶべきことを具体的に列挙してみよう。

- 人間を喜ばし、人間といっしょにいたいと思わせること。ほめられたり、かまってもらいたいと思わせること。
- 気が散るような状況や遊びたくなるような環境においても行儀よく振る舞うこと。

・人通りの多い街路や住宅街、田舎道など、どんな状況にあっても落ち着きを失わないこと。
・身づくろいや世話をしてもらうのを嫌がらず、動き回ったり抵抗したりしないこと。
・目の見えない主人に危険を及ぼすような行動を避けること。たとえば突然飛び上がるなど。
・さまざまな交通機関を利用して旅をするときに、リラックスしておとなしくしていること。
・どこでも手に入るようなふつうの餌を適量食べること。特別食を食べたり入念な手入れをしてもらわなくても、ベストな体重とつややかな毛並みを維持すること。
・ほかの動物が近くにきても興奮したり攻撃したりしないこと。また人間以外の動物といっしょにいたがったり遊びたがったりしないこと。
・さまざまなタイプの人間と打ち解け、仲良くすること。
・さまざまな種類の階段や床の上を歩いたり、エレベーターに乗ったりするとき、落ち着いて、自信をもって対処すること。

こうした高度な技能を仕込むために、里親は子犬たちに次のような訓練を施す。

・仕事の最中にさまざまな人（会ったことのある人やはじめて会う人）に触られたり話し

かけられたりしても、気を散らさない訓練。
・仕事の最中、床やテーブルの上に食べ物を発見しても手をつけない訓練。
・仕事の最中、いろいろな動物が近寄ってきても気を散らさない訓練。
・交通量の多い道や人ごみのなか、子供たちが遊んでいる場所、人々が犬といっしょにゲームをしている場所などで仕事に集中する訓練。
・バスや自家用車、電車、飛行機、地下鉄など、あらゆる交通機関に乗る訓練。
・身なりや行動が奇妙な人の近くで仕事をし、そばを歩く訓練。
・日常生活のなかで耳にするさまざまな音を聞きながら仕事をする訓練。
・さまざまな公共の場で行儀よくする訓練。
・大勢の人が拍手をしたり叫んだりしている場でも落ち着きを失わない訓練。
・さまざまな種類の階段や床の上を歩いたり、エレベーターに乗ったりするとき、自信をもってかつ慎重に歩く訓練。

子犬の成長段階

犬種が違えば成長の速さもずいぶんと違うものである。また昔から犬の一年は人間の七年に相当すると言われてきたが、体の発達に関しても心の成長に関しても、これはまったくの誤りである。たいていの犬は生後一年で性的に成熟し、二年で完全な成犬となるからだ。大型犬のなかには七年でかなり老けこんでしまうものもいるし、逆にチワワなどは十七歳や十八歳になっても溌剌としているものが珍しくない。しかしどの子犬も成長の大まかな流れは同じなので、それを知っておけばかなり役に立つだろう。以下にめぼしい発達段階を示し、各段階での子犬の成長の目安を記したので、参考にされたい。

生後一～六週間――赤ちゃん時代

兄弟や母親と過ごす時期。生後三週間を過ぎると目が開き、耳も聞こえるようになる。また基本的な身体の動きが板につき、犬同士の交わりが始まる。それぞれの個性が現れだし、兄弟の中で強いものが弱いものを仲間はずれにしたりする。この時期、飼い主にとって子犬に愛情を注ぎスキンシップをはかるのはいいこと（先々のためになる）だが、子犬が犬として必要な知識を学ぶのは兄弟とのふれあいを通じてである。子犬は生後四週間で離乳し（とはいっても母犬のミルクはたいてい六、七週間まで出る）、五週間になるころにはお皿に入れた餌を食べられるようになる。

生後七〜十週間——真っ白なキャンバス

犬の一生において重要な時期で、人間社会に触れる機会が増える。栄養状態もよく、きちんと世話され、しつけ（あくまで基本的なものであって、過剰なしつけではない）の行き届いた子犬ならば、この二、三週間のあいだに人間の家族に迎えられ、立派な犬に成長していくだろう。一般的に、生後八週間以前に子犬を親兄弟から引き離すのは好ましくない。

飼い主が子犬にたっぷり愛情を注ぎ、忍耐をもって接するのは当然のことだが、生後八週間の子犬を扱う際に便利な道具がある。バスケットだ。マーサ・スチュアート風に言えば、バスケットはお利口にしていたごほうびだと、子犬に思わせることが肝心だ。罰として子犬をバスケットに入れるのはよくない。そこが子犬にとって特別な場所になるよう、工夫することだ。お気に入りの柔らかいおもちゃを一、二個おいて、居心地のよい暖かい場所にしてやるのである。そうすればまもなく子犬はバスケットのなかで排泄しなくなり、飼い主の邪魔になったときには進んでそのなかに入るようになるだろう。いくつになっても犬には自分だけの安心できる場所が必要なのだ。それは、部屋の片隅に敷かれた小さなマットでも構わないのである。

この時期に子犬が学ぶべき一番重要なものは、自分の名前である。何度も名前を呼んであげよう。ただし乱暴な言葉といっしょに呼んだり、罰を与えるときに呼んだりするのはいけない。犬がこちらを見ていたら、そのたびにできるだけ優しい声で名前を呼んであげること。

この時期に虐待を受けた子犬や、もっと悪いことに、無視されたり孤立してしまったりした子犬は、くつろいだり人間に頼ったりすることをなかなかおぼえない。悲しいことに、大量生産の子犬たちが工場からペットショップに移されるのはちょうどこの時期なのである。

人当たりがよく情緒の安定した子犬の場合、生後八週間くらいでリードになじませるとよい。まずはリードをくわえさせて引っ張らせてみる（もちろん飼い主が目を離さないこと）。しかし鎖を強く引いて向きを変えさせたり、リードで引っ張ったりするのはよくない。この時期の子犬は骨がまだデリケートなのだ。

生後十一～十六週間――青年期

この時期になると、子犬は筋道だって考え、分別をもつようになる（と期待したいものだ！）飼い主が責任をもって正しい道に導いてやれば、子犬は自分の名前をおぼえ、排泄のルールを身につけ、リードにつながれて散歩に出るようになり、何時に寝るだとか、靴を噛んではいけないといった、飼い主の家の規則をおぼえ、自分にとってのくつろぎの場所を定めるようになる。初歩的な服従訓練もこのころからはじめられるが、生後三ヶ月の子犬はまだ集中力が長く持続しないので、何を教えるにしても訓練というより遊びの感覚で進めたほうがいいだろう。またこの時期、できるだけ厳しい口調で「だめ」と叱ってやると、それが子犬の頭に深く刻まれて、それからは「だめ」と言われればすぐさまやっていることを止めて飼い主に注目するようになる。その際に重要なのはタイミングだ。子犬が悪さをしてから五秒後に叱ってもすでに手遅れである。悪さをしている最中に叱ってこそ「だめ！」という言葉は威力を発揮するのだ。したがって、子犬が枕を引き裂いてから何時間もたったのちに叱ったり、前の晩にじゅうたんに排泄してできた染みのことで小言を言ったりしても、まったく効果はない。

生後十二週目になれば、犬の「幼稚園クラス」に入れて、初歩的な人付き合いのコツを教えたり、お利口な振る舞いを身につけさせたりもできる。明るい声音で子犬の名を何度も呼んであげよう。そして子犬が近寄ってきたら愛情をこめてほめてやろう。また気の散るものが一切ない場所で、名前を何度も呼びながら子犬の先に立って歩き、ときどきかがみこんで優しくなでてやる。そうすれば、犬は次の成長段階になったときにもっと複雑な遊びが楽しめるようになるし、少なくとも名前を呼ばれれば飼い主に注目するようになる。

生後十七〜二十四週間――基本的訓練

お利口な振る舞いがすでに身についていれば、子犬は四ヶ月ごろからどんな状況においても「お座り」「待て」「伏せ」「来い」などの命令に従うようになるし、もっと複雑なこともできるようになる。とは言っても、生後半年までは高度な知能や忍耐を必要とする訓練や、集中力を長時間維持しなければならないような行動はまだ無理だ。専門的な技術を身につけるための本格的な訓練はふつう生後六ヶ月以降に開始する。それ以前は、遊びの要素を取り入れて訓練し、合間合間にふざけたり楽しんだりする時間をふんだんに盛り込むことが望ましい。

生後六ヶ月〜一年

たいていの子犬にとって、この時期は人間の思春期にも似た不安定な時期だ。体のそれぞれの部分がまちまちな速度で成長する。急に体長が伸びてひょろりとした体形になったり、頭部よりも胴体がぐんぐんと大きくなったりする。同様に精神面も急激に成長する。もっと複雑な行動を学びたいという意欲をはじめて示したり、犬なりの論理を活用して物を追跡したり取って戻ってきたり、服従したり機敏に動いたりといった技能を完璧に習得する。生後六ヶ月になれば特定の分野の訓練を本格的に開始できるが、二歩進んでは一歩戻るくらいのペースを覚悟しておいたほうがよい。青年期になると、去勢手術を受けていない雄は片足をあげて放尿するようになり、テリトリーに「マーキング」して、自分が雄であることを宣伝するようになる。雌はこの時期はじめて発情期を迎える。昔から雄も雌も去勢手術と言えば生後六ヶ月ごろに行われるが、獣医の多くによれば生後八〜十二週間くらいの時期から可能だという。

生後一年以降

どの種類の犬でも、生後一年もすればほぼ成長はとまるが、大型犬の多くは二歳ごろまで心身ともに成長が続く。たとえば盲導犬は生後二十ヶ月以降になってようやく専門的訓練をはじめる。シュッツハンド（犬がものを追ったり取って戻ってきたり、主人を守ったりする技能を披露するスポーツ）の愛好家によれば、訓練は生後六ヶ月からはじめられるというが、シュッツハンドの資格を取るには二年かかることも珍しくないという。我が家の落ちこぼれブルマスチフ、クレメンタインなどは、生後十八ヵ月までひとりでいることができず、バスケットにもなじまなかった。このころには彼女も哀れなチビさんではなく、艶《なま》めかしい（とは言っても小柄な）雌犬に変身していたのだが。

生後八週間までの成長の目安

人間の赤ちゃんと同様に、子犬も二匹いれば二匹ともまったく同じようには成長しない。また犬種が違えば成長の仕方も大きく異なるだろう。とは言え、次に示す成長カレンダーは、子犬の発達のようすを知るうえで大まかな目安となるだろう。

生後一週間　健康な子犬は這って歩き、乳を飲む。しかし排便は母親から肛門をなめてもらわないとまだできない。

生後二週間　目が開く。

生後三週間　耳が聞こえるようになり、尻尾を振りはじめたり、ときおり吠えるような音を発したりする。子犬同士で遊ぶようになり、母親からなめてもらわなくても排便できるようになる。

生後四週間　乳歯がはえはじめ、多くの子犬はおぼつかない足取りながらも歩きはじめる。飼い主は離乳を開始し、徐々に固形食を導入。

生後五週間　あたりを探検しはじめ、人間といっしょにいるのを好む子犬もいる。早熟な子犬ならば、何かのきっかけで、排泄は寝床や遊び場から遠い場所でするものだと学ぶ。

生後六週間　兄弟で群れや階級を作る。一番階級の高い犬は一番出のよい乳をのみ、餌皿にも最初にとびつく。小さい犬や階級が低い犬は、出の悪い乳に甘んじ、餌にもあとからしかありつけない。

生後七週間　母犬の乳が出なくなる（たいていのブリーダーはこれより数週間前に子犬を離乳させる）。

生後八週間　子犬の個性が表面に表れはじめる。このころにはたいていの子犬は精神的にも強くなっており、母親や兄弟から離され新しい世界に連れて行かれても大丈夫だ。とは言え、どれほど強い子犬でもはじめの一、二晩はひとりにされると悲しげに鳴くものだ。肉親から引き離された不安を和らげてやるには別の犬といっしょに寝かせてやるのが一番だが、時計を毛布にくるんでそばに置いてやるなど、単純な仕掛けでも寂しさを癒してやることができる（時計のカチカチ鳴る音を聞くと、子犬は母親の心音を思い出すらしい）。

盲導犬の父、セイラー

年齢十二歳。体重三十五キロ。漆黒の眠たげな瞳に冷たい鼻先。セイラーはガイディング・アイズの創立以来、もっとも多くの子をなした雄犬である。いわば子づくりのベーブ・ルースだ。なにせ彼と掛け合わされた雌たちの出産回数は合計で四十四回にのぼり、生まれた子供の数は二百二十八匹に達したのだから。子供のうち三十五匹は種犬になり、百七十九匹は盲導犬になった。

セイラーは一九八五年二月九日に生まれた。その後の数年はドッグショーで活躍し、チャンピオンの栄冠を手にしたという。しかしセイラーの真の魅力は容貌の美しさではなかった。それは、均整のとれた容姿をしのぐほどの存在感だった。自信と意欲にあふれ、力強いが穏やかな犬。目の肥えた盲導犬のブリーダーでさえ、どんなに素晴らしい子供が生まれるかを想像してよだれをたらしそうな雄のラブラドール・レトリバーだった。その後、飼い主だったダイアン・ピルビンの厚意によって、セイラーは若くしてガイディング・アイズに預けられ、種犬としての生涯を送ることになる。

セイラーのはじめての子供たちはさぞかし優秀だろうと期待されたが、それでもこの子供たちが二歳になるまで、セイラーを種犬とする二度目の繁殖は行われなかった。繁殖プログラムの責任者ジェーン・ラッセンバーガーいわく、子犬たちが成長して訓練を受け、盲導犬の仕事をはじめるまで気長に待ち、父親には劣性遺伝して現れなかった病気や精神面の欠陥がないか確かめる必要があったのだという。期待通り、子犬たちは立派に成長して優秀な盲導犬になったので、セイラーと複数の雌とでさらに繁殖が行われた。こうしてドッグショーからは引退し、セイラーはガイディング・アイズの繁殖プログラムの主力選手となったのである。そしてコネチカットのある家族に引き取られ、一年に数回繁殖センターに戻っては健康診断を受け、スタッフのところに遊びにいき（スタッフはセイラーのことをとても可愛がった）、精子を提供した。

二年前には種犬としての仕事からも引退した。飼主一家が旅行するときなどは繁殖センターに預けられる。ジェーン・ラッセンバーガーやスタッフはセイラーの訪問を心待ちにしているのだ。私たちも、犬の世界の聖人に出会えるめったにない機会だと思い、繁殖センターを訪問することに決めたのだった。

ある肌寒い秋の日、繁殖センターに着いてみると、オフィスの入っている階の中央廊下に賓客が長々と寝そべっていた。先へ進むには彼の身体をそろそろとまたがねばならない。「こうしてるのが好きなんですよ」とジェーン・ラッセンバーガーは言い、眠たげな黒いラブラドール・レトリバーを見下ろした。セイラーは鼻先が白と黒のブチになっていて、いくぶんしなびた睾丸が膝のあたりまで垂れている。「セイラーは、みんなが自分をまたいだり避けて通ったりしなければならないような場所にいるのが好きなんです」。自分の名前が口にされたのを聞き、セイラーは顔を床から十センチほどあげ、目を開けて何が起こっているのかを確かめた。そして尻尾を数回ぱたぱたと床に叩きつけ、有閑階級の紳士のように優雅に足を伸ばしてから、ゆっくりと立ち上がった。黒い毛並みはつややかで、瞳は水晶のように澄んでいる（犬専門の眼科医が毎年検査している）が、関節炎に冒された足取りを見るに、寄る年波がしのばれた。「私のオフィスでお話ししましょう」とジェーン・ラッセンバーガーが言うと、セイラーはその言葉を完全に理解したかのようにトコトコとオフィスに入り、気に入った場所に横たわったのだった。そして訪問客の靴の上に顎を乗せ、会議に加わった。彼についての会議である。

私たちのようなふつうの飼い主からすると、犬というのはもっぱら楽しいことを追い求め、いつも愛情を欲しがり構ってもらいたがっているように思えるのだが、その点セイラーの徹底した落ち着きぶりには驚かされた。ただのペットとはまったく違う。「なんて高貴な犬なんでしょう！」とジェーンは感嘆の声を上げた。「落ち着きがあって、でも生き生きしているわ。種犬としていつでも役目を果たすけど、分はわきまえている。上品な雄だわ」

もちろんセイラー自身は盲導犬ではない。だから彼の素晴らしさは、盲導犬の訓練士が求めるような優れた資質と健康を備えている点にあるのではなく、その資質と健康を子供や孫に伝えてきたことにあるのだ。「子供たちはセイラーによく似てます」とラッセンバーガーは言った。訓練士たちも、セイラーの子供を訓練するときはいつも張り切ったそうだ。ラッセンバーガーは机の上に飾ってあるセイラーの写真を指差した。写真のなかのセイラーは前足を交差させ、くつろいだ様子で横たわっている。「セイラーの子供たちもちょうどこんなふうに寝そべるんですよ。前足を交差させてね。セイラーに似て、みな長生きですし、病気にもめったにかかりません。それにおおらかで自信に満ちてるんです」。ラッセンバーガーはそう言って、セイラーに尊敬のまなざしを向けた。指揮者が天才音楽家をみつめるときのような目だった。「でもどの子犬もセイラーの素晴らしさの半分も持っていません。これまでセイラーのような犬は産まれてこなかったし、これからも現れないでしょう」

「ありがとうございます。知りたかったことはすべて分かりました」と私たちは言い、ラッセンバーガーへのインタビューを終えた。するとまるで英語を母国語として育ったかのように言葉の意味を理解し、セイラーは立ち上がった。そして私たちの椅子に近寄り、湿った冷たい鼻先で私たちの手の甲をつついて別れの挨拶をくれた。それからオフィスを出て廊下を進み、台所に入っていった。台所では繁殖センターのスタッフが小さなテーブルを囲んでサンドウィッチをほおばり、午後に予定されている生後七週間の子犬のテストについておしゃべりに花を咲かせていた。セイラーもスタッフの輪に加わった。尻尾を振り、瞳を輝かせ、大きなピンク色の舌を出して笑顔を見せながら。ビジネスミーティングを終えたセイラーは、人生の良き時代をともに送った人間の友人たちに混じり、うれしそうにランチタイムを過ごしたのである。

犬に教えられる技能——職業あるいは趣味として

子犬を買い求めようという人のほとんどは、たんに人なつっこい四本足の友達を求めているにすぎない。しかし「お座り」「待て」「ついて来い」「来い」といった基本的な作法以上の技能を教えることによって、子犬を成犬にまで育て上げる喜びはいっそう深まるものだ。また遊びや娯楽の要素を盛り込んで訓練を行えば、しつけとは楽しいものだと犬に思わせることもできる。

楽しむためのものにしろ、仕事に必要なものにしろ、犬に教えられる技能は非常に多い。本格的な攻撃戦術から、「一たす二」の足し算ができるように見せかける芸までさまざまだ。なかには生まれつきの才能のように、訓練をしたところで容易に身につかないものもあるし、飼い主が望んでも当の犬がやりたがらないものもある。あなたの飼い犬がマラミュート犬で、橇《そり》を引くのにうってつけの隆々とした筋肉とガッツの持ち主だからといって、アンカレッジからノームまで走るというような、命にかかわりかねない過酷な仕事に喜んで従事するとは限らないのである。そうはいっても、犬の専門家たちが口をそろえて言うことだが、犬というのは持って生まれた適性を活かすことに喜びを感じるものらしい。人間もそうだが、犬も簡単に怠け癖がついてしまう。しかしその一方で、使命を与えられれば家でごろごろすることをやめ、その使命を果たすべく一生懸命に努力するものなのだ。

匂いをたどるのが好きなブルハウンドを飼っているにしろ、鳥の居場所をみつける才能に恵まれたポインターを飼っているにしろ、犬の持って生まれた才能を引き出し伸ばしてやるのは飼い主にとって特別な喜びである。ボーダーコリーの子犬がはじめて羊の群れを見て本能に目覚める、その様子を見るのは何と心躍ることだろう。また馬でキツネ狩りに出て、若いハウンド犬の一団が意気揚々と野原を駆けて魅惑的な匂いをたどっていくのについて馬を駆るのは実に楽しいものだ。自分の犬が社会に貢献しているなら、喜びはなおさら大きいだろう。たとえば、子供が森で行方不明になったときなど緊急事態に呼び出されて活躍する捜索救助犬などだ。それほど立派なことができなくても、おもちゃのピストルで撃つ真似をしてやると、ひっくり返って死んだ振りをする犬が、無意識に尻尾を振っていたりすると、こちらも思わず微笑んでしまう。

正式な訓練を受けさせれば、技術が身につくのはもちろんのこと、それ以外にも子犬と飼い主との絆が強まるという素晴らしい効果がある。犬と飼い主は共通の目標を持ち、ともに過ごす時間が退屈ではないことを発見する。どんな訓練を施すかは子犬の持って生まれた性質と能力によるところが大きい。大型犬は救助の仕事に向いているし、レトリバーは言うまでもなく愛玩用の小型犬よりも狩りの技術を早く習得する。プードルは戦闘には向かないし、ロットワイラーはサーカスでアクロバットを披露する道化の陽気な相棒にはなれそうもない。我が家のブルマスチフ、クレメンタインは敏捷さを要求される仕事を得意とした。隆々とした筋肉とがっしりした骨格を誇る百二十ポンドの巨体だったため、スポーツを得意とするしなやかな体つきのスリムな犬にはとうてい及ばなかったが。しかし敏捷訓練コースはクレメンタインにとって底無しのエネルギーを消費するのに打ってつけの機会だった。このコースのおかげでクレメンタインはそれまでずっとできなかったこと、つまり手をつけた作業に集中することができるようになった。そして私たちも、それまで落ち着きのない子犬に対してほとんどどする機会のなかったこと、つまりほめてやることができるようになったのだった。

トレーナーのもとに犬を預けたり、自宅にトレーナーを招いたりもできるが、そうすると飼い主と犬がともに経験できる多くの楽しみ——そして苦労——が味わえなくなってしまう。さらにこうした訓練をつうじて犬は、トレーナーの言うことをよく聞くようになる。だから飼い主がトレーナーから合図や命令の出し方、態度などをしっかり教えてもらい、トレーナーのやり方をうまく真似ない限り、犬はせっかく学んだことをすぐに忘れてしまい、目標を持たない多くの犬と同様に、無気力で安穏な生活に堕落してしまうのだ。

しかし問題は、あなたが忙しい人で、かなりの時間を家から離れて——つまり家にいる犬から離れて——過ごしている場合、どうすれば子犬をうまく育てられるか、ということだ。長時間働き、そのあいだペットの世話を頼める知人もいないなら、犬を散歩させてくれるアルバイトやハウスシッターを雇って、外に出たいという子犬の身体的要求を満たし、誰かにいっしょにいてほしいという子犬の心理的要求を満足させねばならない。一日の大半を家から離れて過ごす人の場合、責任感と愛情に満ちた第三者にこうした役割を引き受けてもらうよりも、むしろ年長の落ち着いた犬を子犬といっしょに飼ったほうがうまくいくかもしれない。子犬は健康で幸せな犬に成長するために四六時中愛情を求めるが、年長の犬はそうではない。また犬といっしょに過ごせないことを気がかりに思う人ならば、何時間も運動したがるスポーツタイプの犬よりもインドア派の犬のほうが向いているだろう。

将来りっぱな仕事に就く犬であろうとなかろうと、どんな子犬でも最初の教育の場はいわゆる子犬の幼稚園で、生後十二週間後ごろから入学できる。獣医や地元のブリードクラブに問い合わせれば、いつどこで幼稚園コースが開催されるか分かるだろう。コースに参加した犬は、ほかの犬や人間と礼儀正しくつきあう方法を教わり、「お座り」「待て」「ついて来い」「来い」といった基本的な動作をしつけられる。人間の幼稚園と同じで、子犬の幼稚園もアプローチの方法はじつにまちまちだ。かなり厳しい学校もあるし、楽しむことに重きを置いた学校もある。自分や飼い犬に合ったコースかどうかを確かめるために、一、二回ほど授業を見学してみたり、その学校を卒業した犬の飼い主に話を聞いてみるといいだろう。

幼稚園コースで基本的なしつけを身につけたあとは、以下に示したようなカリキュラムに進むこともできる。

ドッグショーへの出場準備

ＡＫＣ公認のドッグショーに出場するには特別な技能は必要ない。こうしたショーは美しさを競うものだからだ。しかしながらドッグショーで賞を取れるような犬というのは、ハンドラーから訓練を受け、自分の美しさを最大限に引き出して人を魅了する術を身につけている。またその犬種に望まれる容姿を備えているだけでなく、ある程度外向的な性格でなければならない。さらに審査員が見に来たときに一番美しいポーズをとり、生き生きと会場をかけめぐるコツも身につける必要があるだろう。最高のショードッグは、観客の目を一身に集める役者のごとく人々の拍手を浴び、他の犬から審査員の視線を奪い取ることすらできるのだ。

グッド・シチズンの資格取得

これはＡＫＣ主催のプログラムで、ペットの犬に社会の一員としての資格を与えるものだ。トロフィーや賞状を得ることには興味がなく、アスレチック競技に参加するといった高い目標も持っていないけれども、子犬といっしょに何か建設的なことをして犬の生活に張りを与えてやりたいと思うならば、こうしたプログラムはもってこいかもしれない。グッド・シチズンのコースは地元のケンネルクラブや4Hクラブ、私営のドッグトレーニング機関が運営するもので、犬に以下の十個の基本的技能を身につけさせる。

一、はじめて会う友好的な人に愛想よくすること。吠えたり恥ずかしがって逃げたりしないこと。

二、人からなでてもらっているあいだ、おとなしく座っていること。

三、グルーミングしてもらっている最中や、獣医の診察を受けているあいだじっと立っていること。

四、リードにゆとりを保ちながら歩くこと。「ついて歩く」テストほど厳密ではないが、リードを引っ張ったりたるませたりしないでさっそうと歩くこと。

五、人ごみのなかを歩くこと。必要以上に匂いをかいでまわったり怯えたりせずに人とすれ違ったり人のそばを歩くこと。

六、命令に応じて座ったり伏せたりすること。ハンドラーが五メートルあまり離れた場所まで歩いていっても、もとの場所にじっとしていること。

七、呼ばれたらすぐに駆けつけること。

八、他の犬がいても愛想よく振る舞うこと。少々匂いをかいだり尻尾を振ったりするのはかまわないが、攻撃的な振る舞いは許されない。

九、気の散る環境でも落ち着きを失わないこと。人がジョギングでそばを走り抜けていったり、食料品を入れた袋を落としたり、近くで車が排気ガスを出したりしてもうろたえたりパニックに陥ったりせず対処できること。

十、飼い主が離れていっても不安がらないこと。ひとりで残されたり、知らない人といっしょに残されても落ち着いて座っていられること。吠えたり、キャンキャン鳴いたり、騒ぎ立てたりすることは許されない。

服従訓練

このコースは、「お座り」「待て」「ついて来い」「来い」などをマスターした犬を対象としたもので、リードなしで主人について歩くことや命令に応じて物を取ってくること、大きくジャンプすること、長い時間リードを外した状態でじっと座っていること、飼い主がどこかに行っているあいだじっと横たわって待っていること、などを練習する。この訓練で取得できる資格にはコンパニオン・ドッグ（CD）、コンパニオン・ドッグ・エクセレント（CDX）、ユーティリティー・ドッグ（UD）がある。純血種であることや容姿は服従訓練コースの資格取得には必要ない。精神的にも肉体的にも健康な犬ならば参加できる。

アジリティ（敏捷）訓練

このコースはいわば犬の世界の体育授業である。少し離れた場所でリードを落とすなどわずかな合図をきっかけに、フルスピードでハードルに乗ったり飛び越えたり迂回したりジャンプしたりする。障害物としてはシーソーやトンネル、バーが一本ついたハードル、バーが二本ついたハードル、A字型のスロープなどがある。AKCが認める資格はアジリティ初級、アジリティ中級、アジリティ上級、アジリティ超上級の四つ。ジ・ユナイテッド・ステイツ・アジリティ・アソシエーションの場合、資格はアジリティ・ドッグ、アドバンスト・アジリティ・ドッグ、マスター・アジリティ・ドッグの三つに分かれる。服従訓練と同様に、敏捷さのテストにおいても血統は関係ない。

狩猟訓練

動物学者のコンラート・ローレンツによれば、人間と犬の結びつきはそもそも狩りにおけるパートナーシップから始まったという。野生のジャッカルの群れは、狩猟採集を行う裸のホモ・サピエンスについてまわって残り物にあずかり、その見かえりに大型の動物を追いつめる手助けをした。人間と犬のこの協力関係と相互依存は現在でも多くの狩猟愛好家にとって特別の意味を持っている。彼らは犬を訓練して狩りに連れて行き、過度に文明化された生活に浸りきらないようにしているのだ。野鳥狩りをする人の多くが言うことだが、狩りの楽しみは鳥をしとめることよりもむしろ、訓練の行き届いたポインターやレトリバーとの息の合ったコンビネーションにあるという。犬のほうも、獲物の居場所を突き止めたり飛び立たせたりする才能に磨きをかけ、それを発揮する機会を与えられるというわけだ。狩猟愛好家によれば、効率よく狩りをすすめるにはレトリバーを連れて行くのがベストだという。そうすればしとめた鳥をほぼ残らず探し出して拾い集めることができ、草原や湖に残していく羽目にならずにすむ。

狩猟犬を飼ってはいるが、実際に狩りをするつもりはないという人のために、多くのブリードクラブはフィールド・トライアルを開催している。犬は飼い主といっしょに参加して狩りの才能を存分に発揮し、ジュニア・ハンター、シニア・ハンター、マスター・ハンターの資格を取得することができる。競技では、ウサギ狩りの技術、鳥の居場所を教える技術、しとめた鳥を拾ってくる技術、鳥を飛び立たせる技術が競われる。

ハーディング（群れの統制）の訓練

このコースは全国どこのブリードクラブでも開催されており、アヒルや羊、牛、山羊《やぎ》などの群れを集める技術の判定や実習などが行われる。牧羊犬でなくてもハーディングが得意な犬はいるが、やはりコリーやシェパードなどはまったく訓練を受けていなくても祖先から受け継いだ血に目覚め、動物の群れを統制していくもので、その手際のよさには目を見張るものがある。ハーディングの才能に恵まれた犬ならば、競技に参加してみるのも楽しいかもしれない。競技には規定をクリアするものと、犬同士で競い合うものがある。ハーディングを進行するハンドラーは、聖書が書かれた時代から牧人が使っていた木の長い棒を使う。

ルアー・コーシング（擬似獲物の追跡）

ローデシアン・リッジバックやバゼンジー、グレイハウンド、アフガン、ボルゾイ、パラオ・ハウンド、アイリッシュ・ウルフハウンド、スコティッシュ・ディアハウンド、サルーキ、ホイペットなどを飼っている方はすでにお気づきと思うが、これらの犬は物を追いかけることが好きでたまらない。ブリードクラブのなかにはルアー・コーシングの実演講習会を開催しているところが多く、足が速く視覚にもすぐれたハウンドが得意技を披露する絶好の機会といえる。ルアー・コーシングは犬の足の速さや敏捷さ、持久力を測るもので、順位を競うものではない。オープンフィールドに設定されたコースに沿って機械仕掛けのルアーを動かし、犬にそれを追わせる、という競技だ。動く物を追いかけることが本能的に好きな犬はさぞかし熱中するだろう。心身共に犬を健康に保つためには、もってこいの競技である。

アースドッグ

小型のテリアは獲物を探して「地中にもぐる」ことが大好きだ。アースドッグ・トライアルはＡＫＣ登録のテリアやダックスフンドを対象に、土もぐりの才能を測るものだ。トライアルでは、穴に犬を入れる。穴には大人のねずみが二匹隠されているが、小さなかごに入っているので犬に殺されることはない。一番早くねずみをみつけた犬が勝ちとなる。このトライアルで取得できる資格にはジュニア・アースドッグ、シニア・アースドッグ、マスター・アースドッグがある。

シュッツハンド（追跡・防衛能力テスト）

シュッツハンド（「防衛犬」の意）は二〇世紀のはじめにドイツで始まった適性検査で、三つのテストを行って警察や軍隊の仕事に就く適性を測る。現在では、訓練された犬がどれほど人間社会で活躍できるか、それを示すすばらしい実例だといえる。シュッツハンドでまずはじめに審査されるのは追跡能力だ。複雑な地形を越えて匂いをたどることができるか。さらに状況が許せば、荒れ模様の天候のもとでも審査が行われる。上級レベルでは、犬がそれまで嗅いだことのない匂いが審査の一時間前に地面につけられる。二番目に、誰かが手を振り回していたり、叫んでいたり、銃が撃たれたりしているような気の散る環境において、「お座り」「立て」「待て」「ついて来い」「とって来い」などの命令に従う能力が試される。最後のテストは防御の能力を試すものだ。犬は命令に応じて攻撃したり、攻撃を止めたりするよう訓練されている。こう書くと恐ろしげに思えるが、シュッツハンド訓練をしっかり受けた犬はハンドラーと実に息があっており、攻撃を命じられる瞬間まで攻撃的な性格の片鱗も見せない。つまり攻撃するからといって、その犬が狂暴であるわけではないのだ。ジ・ユナイテッド・シュッツハンド・クラブ・オブ・アメリカによると「防御訓練の場合、噛みつく場所はパッド付き手袋と限定されています。そして命令が出されたときや相手が攻撃を止めたときは、すぐに攻撃を中止するよう訓練してあります。防御テストは、その犬が臆病者でもなければ狂暴でもないことを確かめる手段なのです」

シュッツハンドを身につけるには、かなりの聡明さと体力が要求されるし、ハンドラーとともに長い時間をかけてトレーニングに励まなくてはならない。訓練は生後六週間頃からはじめることができる。

捜索救助

体力があり、愛想がよく（しかし甘えん坊ではない）、好奇心旺盛で協調性のある犬ならば、捜索救助の仕事に向いているかもしれない。一般的には、厚い毛皮に覆われた大型（しかし大きすぎないもの）の使役犬がこの分野の仕事には向いているといわれる。というのも、体力と敏捷さ、過酷な天候に耐える能力が要求されるからだ。捜索救助犬のなかには正式に警察や消防署に所属しているものも多いが、大半は一般家庭に飼われ、行方不明者が出たときや天災が起きたとき、建物が倒壊して人がなかに閉じ込められたときなどに、飼い主またはハンドラーとともに救助にたずさわる。モンタナに本部を置くブラック・ポーズは捜索救助用のニューファンドランド犬の飼い主を主体とする国際的な組織だが、会員資格として以下の条件を列挙している。

- 犬は純粋なニューファンドランドでなければならない。
- ハンドラーは心肺機能蘇生術と基本的救急療法の資格を有する者に限る。
- 犬は攻撃訓練を受けていないものに限る。
- ハンドラーは捜索活動の最中、責任を持って犬の安全を確保し、予想される危険から犬を守ること。捜索活動中またはその後も、自らの都合よりも犬の要求をできるかぎり優先させること。
- 捜索救助チームは、陸地であろうと海や川であろうと十分に機能し、担当支部におけるさまざまな地形や地理的条件（なだらかな地形から険しい地形、さらに過酷な地形まで）をよく理解して対処し、さまざまな天候において活動すること。
- 犬は担当地区において行方不明者を捜索する場合、良好な条件のもとならばある程度の時間内で「速やかに」発見すること。捜索チームは水辺や森林地区、雪崩《なだれ》現場、災害発生地などで捜索活動を行い、生存者と死者を区別すること。

・捜索チームは警察やそのほか捜索に関わる機関と十分に連係すること。

・犬はヘリコプターや飛行機に乗る訓練も受けること。

・ブラック・ポーズの支部のなかには潜水や登山、スキー、医療活動、追跡といった高度な専門技術を提供するところもある。条件によっては二十四時間態勢で活動する場合もある。追跡犬は遺留品など匂いを確認できるものがなくても臭跡をたどることができる。

フリスビー

一九七〇年代、アシュレー・ホイペットという名のハウンド犬がテレビのスポーツ番組で一躍有名になった。フリスビーを追いかけ、高くジャンプし、空中でフリスビーをキャッチするという妙技を披露したのだった。今日では、フリスビーキャッチをしている犬はどの公園でも見かけるし、犬同士で競い合うフリスビー大会もあちこちで開催されて、キャッチ・アンド・レトリーブ（フリスビーをキャッチして持って帰って来る）、ディスタンス・テスト（できるだけ遠くまで駆けてフリスビーをキャッチする）、音楽に合わせたフリースタイルのフリスビーキャッチなどが競われる。

もちろん犬種によってはフリスビーキャッチの素質に恵まれたものがある。すぐれた視覚を持つハウンドやレトリバーは獲物を追いかける性質を持っているので、フリスビーキャッチに向いている。しかし無気力な犬でない限り、たいていの犬はフリスビーキャッチを楽しむだろう。飼い犬にフリスビーキャッチの素質があるかどうかを判定する簡単な方法がある。フリスビーを床に転がしてみるだけでいいのだ。子犬が興味を持って後を追ったら、素質があると思ってよいだろう。

フライボール

真剣にスポーツ競技に参加する気のある犬と、かなりの時間をかけて犬をコーチする意欲のある飼い主にはおすすめのスポーツ。フライボールというのは一九七〇年代にカリフォルニアではじまり、『トゥナイト・ショー』で紹介されたスポーツで、いわば犬のリレーである。十メートルほどのコースにハードルが四つ置かれ、第一走者の犬はランチャーの上に乗ってテニスボールを打ち上げる。そしてそのテニスボールをキャッチしてハードルを飛び越え、次の走者である犬にバトンタッチする。第二走者もまた同じことを繰り返す。リレーは目にもとまらぬ速さで進む。世界記録は一六・七秒だ。フライボールの資格はフライボール・ドッグ（ＦＤ）からフライボール・マスター・チャンピオン（ＦＭCh）まである。

パーティの余興

ひっくり返って死んだふりをする。こんな芸を教えるのは、森で行方不明になった子供の捜索救助訓練ほど高尚ではないし、ドッグショーや犬の競技で栄冠を手にする機会もない。しかしさほど野心もない人（や犬）にとっては、余興用の芸を完璧にマスターすればパーティーをおおいに盛り上げることができるだろう。『リュー・バークの犬の訓練』という本には、あっと驚く芸が紹介されており、その芸を仕込む方法も詳しく書かれている。

• ジグザグ歩行。飼い主が前にまっすぐ歩き、一歩進むごとに犬に足のあいだをくぐらせる。バーク氏のアドバイスによれば、「あなたの股下の長さよりも体高の低い犬を選んだほうがよい」

• 足し算。答えが一桁の数字になるような足し算の問題をだし、犬がそれを解いたかのように見せかける。「これ以上に厳しさや正確さ、集中力の要求される訓練はない」とバーク氏は言う。

• 電話応対（聴覚障害者に飼われている犬にとって、非常に役に立つ技能）。

• 後ろ足で歩く。「がっしりした体格の犬が望ましい。最低でも生後八ヶ月を過ぎ、後ろ足が完全に発達してからはじめること」

• ダンス。後ろ足で歩くことをマスターした犬に限って挑戦すべし。

• 死んだふり。「『バーン！』という掛け声とともに、犬の左肩を棒切れでつつく。あまり強くつつかないように。そして同時にリードをぴしゃりと床にたたきつける」

しつけの極意

「私の訓練法の根底にあるのは、犬は犬だという認識だ。犬は人間社会の理屈をわきまえたお利口な生徒ではない。人間社会の理屈など関係のない世界に生きる、ただの動物なのだ。犬にとって、黒は黒、白は白である。犬は論理的な思考を通じて学習するのではなく、記憶の働きを通じて学習する。その記憶を培《つちか》う媒体は犬の心理であって、人間の心理ではない」

リュー・バーク著『*Lew Burke's Dog Training*』一九七六年

「犬を訓練するときには、ハンドラーの人柄や周囲の環境をよく理解させて、自らに自信をもつよう指導すること」

ビッキー・ハーン著『*Bandit*』一九九一年

「面白くしてやれば、犬は訓練を好きになるものだ。最高の飼い主というのは、外向的でユーモアがあり、穏やかで愛情に満ちていながら厳しさも持ち合わせ、犬が反抗したときなど必要とあらば怒って見せることのできる人である」

バーバラ・ウッドハウス著『*No Bad Dogs*』一九七八年

「私は、犬を奴隷のように扱う当世流行の考え方には賛成しない――もちろん法的に言えば、人間は犬の所有者であり、犬を生かすも殺すも飼い主しだいだが――し、犬を養子やおもちゃのように扱うのもいいことだとは思わない。どちらも明らかに間違っているし、お粗末なメタファーであって、せいぜい一部の人の動物に対する姿勢や態度を表しているに過ぎない。犬は奴隷でもなければ子供でもなく、王族でもない。犬は犬でしかないのだ。犬の訓練や扱いがうまい人、あるいはよきブリーダーはこうした真実を正しく認識している」

マーク・デール著『*Dog's Best Friend*』一九九七年

「しつけや服従訓練に必要以上に重きをおくと、人に媚《こ》びへつらうばかりで何の個性も魅力もない犬ができあがってしまう。犬を育てるうえでの秘訣は、楽しい雰囲気を保つことだ。つまり犬に対して絶対的なコントロールを保つと同時に、できるだけ自由を与えてやるのがよい」

デズモンド・モリス著『*Dog Watching*』一九八六年

（『ドッグ・ウォッチング　イヌ好きのための動物行動学』、竹内和世訳、平凡社、一九八七年）

「あなたがどんな環境で暮らし、どんな性質や考え方の持ち主であるにしても、以下の四つの単純な約束ごとを犬に教える時間や力はあるはずだ。ご自分と犬の名誉を守るために、そして世のなかの犬すべてのために、この四つを犬に教えこんでいただきたい。飼い主の口笛や指示に従うこと。飼い主やその友人の家で身ぎれいにしていること。訪問客に飛びついたりしないこと。車のなかではおとなしくして、飼い主が友人を乗せてもひっきりなしに引っかいて迷惑をかけたり、居心地の悪い思いをさせたりしないこと。飼い主の行動に関して十個の掟を守れている人ならば、行儀に関する約束ごとの四つくらいは犬に仕込めるはずだ」

ウィリアム・キャリー・ダンカン著『*Dog Training Made Easy*』一九四〇年

「服従はあらゆる訓練の基本である。はじめのうち、犬も人間と同じで、これくらいの悪戯なら罰は受けないだろうと高を括《くく》っている。往々にして、必ず罰を受けると知れば、犬は粗相もしなくなるし、カーテンを噛んだり、食卓の食べ物をこっそりつまみ食いするようなこともしなくなる。さらにたいていの作業を喜んで楽しみながらするようになる。それは、飼い主にほめられたい、なでてもらいたい、暖かく話しかけてもらいたいという、どの犬も持っている強い願望から生まれる行動なのだ」
ウィル・ジュディ著『*Care of the Dog*』一九四八年

「鋭敏な感覚を刺激するような課題を与えられると、犬は喜ぶ。彼らは人間の想像をはるかに超えた理解力――直感――と知恵を持っているのだ」

「声を荒らげる必要はない。犬に命令を理解させ、実行させるのに、手を挙げる必要もない。ありのままの自分でいればいいのだ。そうすれば飼い主は犬から献身的な愛情と尊敬を注がれるだろう」

「犬は飼い主の目の表情を読む。あなたの思っていることはドラムのビートよりもはっきりと犬の心に届いているのだ。口に出す言葉はコミュニケーションの手段だが、犬が相手の場合、沈黙はあなたの思いを雄弁に伝える」
ベス・ブラウン著『*Everybody's Dog Book*』一九五三年

「ジャンプしたり物を取ってきたり、といった犬の積極的なやる気を必要とする芸を仕込む場合に忘れてはならないのは、どんな優秀な犬でも人間の持っているたぐいの義務感は持ち合わせてはいない、ということだ。幼い子供とは違って、犬は面白いと思わない限り訓練に真面目に取り組もうとはしない。だから、訓練は〝しなくてはならないこと〟ではなく、〝してもよいこと〟なのだと犬に思わせるよう、あらゆる努力を払わねばならない」

コンラート・ローレンツ著『Man Meets Dog』一九五四年

（『人イヌにあう』、小原秀男訳、至誠堂、一九八一年）

「飼い主は犬が何を求めているのか分かるまで耳を傾けるべきであって、訓練にかこつけて自分の要求を押し付けるべきではない。……犬の本能的な行動をよく理解したしつけ法を用いれば、飼い主は犬に理解できるやり方で自らの不満を伝えることができる。犬を放り投げたり物でぶったり、新聞で叩いたり、下手《したて》に出たりといった方法は人間にとっては楽かもしれないが、犬のためにはならない」

ニュー・スキートの僧侶『*How to Be Your Dog's Best Friend*』一九七八年

「ハンドラーが犯す過ちのひとつは、犬を無理に服従させようとすることだ。犬には自信を持たせてやらねばならない。トレーナーが犬に尊敬を示し、両者のあいだに信頼関係が生まれたとき、犬は自信を持つことができる。そうすれば人間と犬は確かなパートナーシップを築いていけるはずだ」

ジャネット・ラッカート博士著『*Are You My Dog?*』一九八九年

「ごく親しい間柄の二人の人間と同様に、犬と飼い主のあいだにも時として利害の衝突がある。そして両者は相手に対する愛情を損なうことなくそれを解決しなければならない」

ジョージ・バード・エバンズ著『*Troubles with Bird Dogs*』一九七五年

「犬も人間と同じでそれぞれに性格がある。……したがってどのハンドラーにどの犬を担当させるか慎重に検討することによって、犬の個性を最大限に引き出すことができるのだ。たとえば、何をするにも慎重で、順序立てて物事を進めるようなハンドラーには、心配症でやや神経質な犬が割り当てられる。ハンドラーが慎重で忍耐強いおかげで、犬は訓練中にも不安な思いをさほどせずに済むからだ。……同様に、動作の鈍い犬には、てきぱきと動くハンドラーが割り当てられる」

ジョン・ベーハン著『*Dogs of War*』一九四六年

「臆病な子犬というのは、自分の体とそのまわりにあるものとの境界線が理解できていないのかもしれません。自分には体があるという感覚を犬に教えてやることです。自信はそこから生まれてきます。もうひとつ重要なのは、適切な響きを持った名前を与えてやることです。吠え声や唸り声に似た響きの名前をつけてしまうと、その犬もよく吠え、唸るようになるでしょう。子犬にとって言葉の響きは実に重要なのです。だから私はどんな犬といっしょにいるときも、話すというより『歌う』ようにして語りかけます。そうすると犬の脳波がいい具合になるんですよ」

リンダ・テリントン・ジョーンズ（『*The Tellington Touch*』の著者）、一九九三年二月にアリゾナ州フェニックスで開かれた犬の訓練セミナーにおける講演から

「どんな種類の犬を訓練するにしても、暴力ばかり振るっていて犬をしつけられるなどと思ってはいけない。むしろトレーナーが肝に銘じておくべきことは、犬がうまく課題をクリアできたときには優しくなでてやり、忠実な友人として扱い、ときどきごちそうを与えてやる、ということだ。こういう方法をとってこそ、犬はやる気をだし、飼い主に服従し、死ぬまで愛情と忠誠心に満ちた犬であり続けるだろう」

ヤコブ・ビレール著『*The Story of His Life*』ドイツ、一八四五年

ウィル・ジュディの「訓練における十七のタブー」

一、頭にきているときや平静を失っているときに犬を罰しないこと。
二、リードなど、仕事や遊びを連想させる物をつかって犬を罰しないこと。
三、後ろからこっそり近づいたり、つかみかかったりしないこと。
四、犬を捕まえようとして追いかけ回さないこと。犬のほうから近寄ってこさせ、あとに

ついて走るよう仕向けること。
五、犬をなだめすかしたあとで、急に鞭で叩いたりしないこと。このように掌を返すような振る舞いをすると後々後悔することになる。
六、犬を騙したり馬鹿にしたり、罵《ののし》ったりしないこと。無理だと分かっているときに、面白半分でそばに来るよう命令したりしないこと。こうした飼い主の気まぐれは犬にとって酷である。
七、必要もないのに、罰として犬の足を踏みつけたりしないこと。犬の足は非常にもろい。ふざけて、あるいは真面目にでも耳を引っ張らないこと。背中や腰、顔をぶたないこと。
八、犬に乱暴につかみかかったり、突然手を伸ばしたりしないこと。飼い主を怖れたり、飼い主といっしょにいると緊張するように仕向けてはいけないし、自分は罰を受けて当然だと思わせてはいけない。
九、犬にガミガミ小言を言わないこと。四六時中命令を出さないこと。声を荒らげて叱り飛ばさないこと。
十、犬のしたことに対してあるときはほめ、別のときは叱る、という一貫性のない態度をとらないこと。たとえば今日、犬に足を噛まれても叱らなかったとしよう。それならば明日同じように噛まれたとき、たまたま機嫌が悪くても犬を叱ってはいけない。犬の訓練においては、つねに一貫性をもつことが重要である。

十一、犬が餌を食べてしばらくのあいだは訓練をはじめないこと。
十二、生後六ヶ月以前の子犬に対しては忍耐を失わないこと。子犬を投げ飛ばしたり蹴飛ばしたり、頭や足、首根っこをつかんで引っ張りあげたりしないこと。
十三、生後六ヶ月を過ぎるまではかなりの力や忍耐を必要とする技能を仕込もうとしないこと。
十四、訓練の最中に短い休憩や遊びの時間を入れること。訓練を十五分続けたら、休憩を五分程度入れるのが望ましい。
十五、他人が犬に対して命令するのを認めないこと。あなたが訓練している限り、犬にとって主人はあなただけであり、餌をあげたり世話をしたりするのもあなただけだ。犬にはそう思わせること。
十六、訓練の最終目的や主眼が芸を仕込むことにあると思わないこと。何を教えるにしても、目的は犬を有益な存在にすることにある。犬の本能から自然に生まれる行動は育《はぐく》んでやろう。
十七、訓練を数週間続けただけで飼い犬が素晴らしい犬になると思ってはいけない。飼い犬に誇りを持てるようになるまでには四ヶ月から一年ほど訓練を続けなくてはならないだろう。しかし苦労する価値はある。訓練に終わりはないのだ。

ウィル・ジュディ著『*Training the Dog*』一九三二年

なぜ盲導犬にはラブラドール・レトリバーが多いのか？

一九五六年にガイディング・アイズ・フォー・ザ・ブラインドの繁殖プログラムを修了した初代卒業生は二匹ともボクサー犬で、寄付によってガイディング・アイズに贈られた犬だった。それ以降何年ものあいだガイディング・アイズは、一九三〇年代に初期のシーイング・アイズが頼ったのと同じ方法で犬を入手していた。つまり寄付してもらうか、シェルターから引き取るか、のどちらかだ。プログラムを修了した犬のなかには雑種もいればさまざまな種類の純血種もいたが、すべて以下のような基準を満たしていた。

・毛の手入れが簡単であること
・盲導犬の仕事ができる程度に大柄であること（一般的に体重は二十キロから三十五キロくらい）
・健康であること
・性格が穏やかであること

ガイディング・アイズにやってきた犬のうち優秀なものは盲導犬になったが、そのうちシェルターから引き取った犬やブリーダーから寄付された犬では不十分であることが明らかになった。素行の悪い犬でも訓練し直せばとりあえずは盲導犬になれる。しかし何ヶ月も後になって仕事をはじめてから、不適切な行動――ガイディング・アイズのトレーニングによっていったんは影をひそめたものの、完全にはなくならなかったもの――がふたたび顔を出してしまうこともある。さらに思いがけない病気にいつかからないとも限らない。「それぞれの犬がどんなふうに成長するか、予測できるようにしたかったのです」と、繁殖センターの所長、ジェーン・ラッセンバーガーは言う。「センター内で繁殖を行えば、どんな犬が生まれてくるか見当がつきます。どうせ盲導犬になれないような犬を訓練して時間を無駄にすることもありません」

こうして一九六〇年代に繁殖コロニーが開設された。視覚障害者に渡される盲導犬はほぼすべてこの繁殖コロニーから選ばれる。しかしわずかながら例外もあって、子犬のころに寄付されて繁殖プログラムに入った犬もいる。しかしほとんどは、極めて高い計画性と綿密な記録を誇る繁殖プログラムのなかで改良されて生まれてきた犬たちだ。

はじめのうち、コロニーの犬は大部分がゴールデン・レトリバーだった。彼らも盲導犬に適した資質を持ってはいたが、そのうち徐々にラブラドール・レトリバーが圧倒的多数を占めるようになっていく。働き者で性質が穏やかであることや、体が丈夫であることが評価されたのだ。繁殖用にジャーマン・シェパードの雄や雌も何匹かいるが、ゴールデン・レトリバーよりも数はさらに少ない。「ジャーマン・シェパードは毛皮が薄すぎて、北部の寒い気候に耐えられないのです」とラッセンバーガーは説明する。「それに鼻づらが短いため、熱い場所では呼吸しづらいのです。その点ラブラドール・レトリバーはいかなる気候にも適応でき、体も丈夫で運動能力も高い。さらに性質に関しても、飼い主に対する忠誠心と独立心がほどよく調和しているんです。ジャーマン・シェパードの場合は盲導犬としては活発すぎる犬が多いようで、そうした犬はたいていほかの仕事につきます。たとえば警察犬とか。ゴールデン・レトリバーは盲導犬に要求される強い独立心に欠けがちです。だからセラピーなどの仕事につくものが多いですね」

ガイディング・アイズのトレーニング主任であるキャシー・ザブリキーによれば、ラブラドール・レトリバーが盲導犬に向いているのは次のような理由からだという。ラブラドール・レトリバーはもともと、ハンターのしとめた獲物を取ってこさせるために改良された品種だが、その仕事と視覚障害者を案内する仕事とは具合が似ていると言うのだ。「ラブラドール・レトリバーは主人といっしょに何時間もダックブラインドのなかで待機していなくてはなりません。そして鳥が撃ち落とされると、それを探しにでかけます。正確さと慎重さ、スタミナの要求される仕事です。ダックブラインドに戻ると、また何時間もおとなしくしていなければなりません」。さらにザブリキーによれば、ラブラドール・レトリバーは他の犬種に比べて体の感覚が過敏ではないという。「地下鉄や歩道で足を踏まれても、それほど気にしないようです。それに騒がしい町なかや、人気のない農場にいても、比較的すんなりとストレスに対処できるようです。さらにラブラドール・レトリバーの毛皮は、毎朝半時間のグルーミングを必要とする類のものではありません」

このようにアメリカでは盲導犬といえばラブラドール・レトリバーと相場が決まっているが、よその国ではそうとも限らない。ニュージーランドにはダルメシアンを訓練している学校がある。またボーダーコリーやオーストラリアン・シェパード、ゴールデン・レトリバーとラブラドール・レトリバーの雑種、はてはブービエ・デ・フランドルまでをも訓練して立派な盲導犬にしている国もあるくらいだ。

「ラブラドール・レトリバー以外の犬には目もくれない、というわけではありません」とジェーン・ラッセンバーガーは言う。「しかし少なくとも今後二十年ほどはラブラドール・レトリバーが主流となるでしょう。私たちが現在もっているような繁殖コロニーをつくるには莫大な時間と労力が要ります。はじめのうちは盲導犬になれない犬も多いんです。しかし優秀な遺伝子がプールされていくにつれ、盲導犬に適した犬はどんどん増えていくはずです。私たちのプログラムが成功を収めてきたのは、ひとつには優秀な盲導犬を生み出している世界中の研究機関と協力し合ってきたからでしょう。同じ遺伝子プールにばかり頼ってはいられませんからね。外に目を向けることで常に遺伝子プールを改良し、良好な状態に保つことができるのです。私たちの目指すところは、これまでにない素晴らしいラブラドール・レトリバーを生みだすことです」

子犬にかかる費用

子犬を入手するにはたしかにお金がかかるが、それはその後の年月で減価償却されていくし、扶養費に比べたらごくわずかな金額である。体重二十五キロの犬の場合、大した病気もせず特別なケアを必要としなくても、十年生きたとして扶養費は最低でも一万二千ドルに及ぶのだ。

シェルターから犬を引き取る場合、おそらく支払う額は五十ドル、純血種の犬をブリーダーから買うとしたら、五百ドルから千ドルほどだろう。ドッグショーで入賞した犬や、繁殖用の犬となる可能性のある犬ならば、数千ドルに跳ね上がる。また流行の種や珍しい犬種だと、需要と供給の法則から値段はかなり高くなる。

子犬そのものの値段以外にかかる出費も覚悟しておかねばならない。首輪（犬の成長にあわせていくつか必要で、値段は十ドルから二十ドル）、リード（一、二本必要。いいものだと二十五ドルほど）、犬に噛ませるおもちゃ（靴や枕をだめにされたくないのなら、たくさん用意しておくべき。単純なおもちゃだと十ドルから二十ドルほど）、水や餌をいれるトレー（十ドルから二十ドル）、犬用のベッド（犬の体の大きさによってさまざまだが、一番高いもので百ドルほど。ベッドを噛むのが好きな子犬なら、複数必要)、バスケット(標準的な大きさの犬なら、百ドルほど。移動時にも使用できるバスケットだと、もう少し高くなる)などだ。

さらに良質のドッグフード代に、一年あたり五百ドルから千ドルかかる。

グルーミングにかかる費用は種によってさまざまだ。短毛種の場合、爪を切ったり、ときどき耳掃除をするくらいで、毎日ブラッシングして抜け毛をとり、必要に応じて入浴させる程度でよい(獣医は歯磨きもすすめているが)。こうしたグルーミングはすべて家で手軽に済ませられるし、基本的な道具さえ揃えればあとはお金もかからない。それに対して長毛種やダブルコートの犬だと毛のカットやスタイリングが必要だし、ショーに出すテリアならば刈り込みもしなくてはならない。どれも時間がかかるうえ、特別な技術が必要なため、プロの犬専門理髪師に頼まねばならない。費用は犬の大きさやグルーミングの難しさに応じてさまざまだが、中型犬のヘアカットと洗髪を頼み、そのほかの特別なケアは省いた場合、費用は五十ドルほどだ。

庭をフェンスで囲もうとお考えだろうか? 私たちの場合、クレメンタインのおかげで気が狂いそうになっていたとき、庭の一角を囲ってクレメンタインが遊べるスペースを作ってやることにした。そうすれば私たちもしばしのあいだとはいえ解放されると思ったからだ。クレメンタインのことだから普通のフェンスでは噛み切ったり地面を掘ったりして外に出てしまうだろう。そう考えた私たちは「鹿よけ」のフェンスをとりつけた。触ると軽い電流が流れるものだ。これが千五百ドルもした。とは言えフェンスの効果は絶大で、さすがのクレメンタインも一度ふれて電流のショックを浴びて以来、けっして触ろうとはしなくなった。

家を長期間留守にすることが多い人は、ペットシッターを雇わねばならないだろう。よその町に行くときなどは、ペットホテルに犬を預けなくてはならないかもしれない。私たちの例で言うと、終日家を空ける場合、誰かに午後だけ来てもらって犬を散歩に連れて行ってもらうのだが、それには十五ドルを支払っている。家に泊まってもらい、二匹の犬と一羽のオウムの世話をしてもらうときは五十ドルだ。ペットホテルの料金は一匹あたり一泊二十ドルから五十ドル。

さて最後に一番かさむ費用についてお話ししよう。医療費である。純血種の犬を愛好する私たちは、ペットの健康を保つために何千ドル、いや何万ドルものお金を使ってきた。私たちの好みの犬種は健康管理にお金のかかる種類だと言わざるをえない。ブルマスチフを飼っている人で、犬が深刻な病に冒されることなく長生きしてくれて、医療費に大枚をはたいたり精神的な苦痛を味わったりしなかった人は、実に幸運である。信頼のおけるブリーダーから買った犬やラブラドール・レトリバーといった丈夫な犬を飼っているならば、皮膚炎の治療に四千ドルもかかって仰天、などという羽目にはならないだろう（私たちはエドウィーナという名のブルマスチフを飼っていたとき、皮膚炎の治療に四千ドルを投じたのだった)。雑種の場合は、遺伝子の多様性という強みがあるため、ほとんど費用をかけなくても健康でいてくれるケースが多い。

そうは言っても、どんな犬を飼うにせよ、予期せぬ病気にかかったときに備えておく必要はある。もうすぐ二歳になろうというとき、クレメンタインは可哀想なことに宿便に悩まされてしまった。挙げ句の果てにじゅうたんにお尻を擦りつけて、恐ろしい悪臭を放つ液体をひねり出したのだった。手術には七百五十ドルかかった。ちなみにこの金額には、家中のじゅうたんのクリーニング代は含まれていない。

あるとき私たちはメイン州に住むひとりの女性から電話を受け、せっぱ詰まった声で相談を受けた。彼女は数年のあいだトレイラーに暮らしてお金を貯め、かねて憧れていた純血種の子犬を買ったのだという。ところがその犬は大きくなって、皮膚病にかかってしまった。痛みも伴うし、命に係わる病気だ。しかし彼女には治療費を払う余裕がなかった。それに一番近い犬専門の皮膚科からも数百マイル離れた場所に暮らしていたのだ。彼女があれほどの思いで手に入れた子犬はけっきょく保護団体に預けられ、子犬の病気を治療する財力と慈善の精神に満ちた引き取り手が探されることになった。

予期せぬ医療費に備えるひとつの手だてとして、犬専用の健康保険がある。人間の保険と同様に、犬の保険もなかなか仕組みが複雑だ。一年あたりの保険料は、犬が何歳で、何が保障され、控除免責金額がいくらで、保障限度額がどのくらいかによって数百ドルから数千ドルまでと幅がある。多くのプランを用意している保険会社がふたつある。アニパルスとベテリナリー・ペット・インシュアランスだ。ペット・アシュアは健康医療団体と似た組織で、獣医への通院や理容院、ペットホテルの利用料金のみを保障している。もっとも保険料の高いプランだと、契約以前にかかっていた病気や遺伝性疾患、急を要しない治療までもが保障される。一般的なプランだと、急を要する治療のみが保障され、補償額も低く、薬代の大部分は契約者が負担することになる。

命に係わるような病気はさておいて、医療費のなかには大部分の飼い主が覚悟しておかねばならないものが幾つかある。去勢手術は、開業の獣医に頼むと二百五十ドルほどかかる。もしくはシェルターに電話をして、低価格で手術をしてくれる近くの病院を紹介してもらう手もある（シェルターから犬を引き取ることの利点はここにある。シェルターは去勢手術を無料、もしくは安価で施してくれるからだ）。毎月投与する犬糸状虫の薬、毎年行う狂犬病やパルボウイルスの予防接種、蚤やダニの予防薬および治療薬などには最低でも一年あたり百ドルはかかるだろう。涙目や宿便、湿疹などを治療したり、耳を奥まで掃除したりといった急を要しない治療の場合、獣医がすべて面倒を見てくれる。私たちの近所の獣医では、診察に四十ドルかかるほか、手続き費用と薬代が請求される。

最後に、愛する犬を立派な形で葬ってやりたいとお考えなら、犬の死に際しても出費を覚悟しておかねばならない。金額は犬の体の大きさによってまちまちだ。私たちのかかりつけの獣医に尋ねたところ、体重二十五キロの犬を火葬する場合、既に死んでいたなら三十五ドルを請求するという。生きている犬を連れて行って、亡骸《なきがら》をそのまま家に持って帰るなら、四十五ドル。犬を安楽死させ、火葬してもらう場合は八十ドル、安楽死と火葬に加え、豪華な容器に入れて遺骨も持って帰りたい場合は百四十ドルだという。

健常者の心得──ドロシー・ハリソン・ユスティスのアドバイス

ドロシー・ハリソン・ユスティスはフィラデルフィアの出身で、一九二〇年代にはスイスに暮らし、ジャーマン・シェパードを繁殖・飼育していた。生まれた犬の多くはスイス陸軍や赤十字、そのほかヨーロッパ各国の警察組織で活躍したという。一九二〇年代半ば、ユスティスはドイツのポツダムにある盲導犬飼育学校を訪ねた。その学校はシェパードを対象に、失明した退役軍人に仕える盲導犬を飼育していた。この学校の在り方に深い感銘を受けたユスティスは『サタデー・イブニング・ポスト』紙に「ザ・シーイング・アイ(盲人を導く目)」というタイトルの記事を載せた。そしてこの記事をきっかけにアメリカ国内では、盲導犬育成を支持する運動が高まりを見せるのだ。その二年後、ユスティスは以下に紹介するような「十戒」を発表して、健常者が盲導犬を連れた人を見た場合にどう振る舞うべきか、そのポイントをアドバイスしたのである。

盲導犬を見ると口笛を吹いたり、呼び掛けたり、なでたりする人がいる。しかしそうした行為によって、盲導犬は最も危険な状況において集中力を失ってしまい、その結果、視覚障害者はよく訓練された「目」を一瞬にせよ失ってしまうのだ。人間社会に迎え入れられた犬は社会の一員としてそれなりの待遇を受けてしかるべきだろう。一例として、盲導犬を飼っている私の友人の話を紹介しよう。ある日、彼が盲導犬を連れてトロリーカーに乗ると、一人の女性が歓声をあげて盲導犬に話しかけてきた。「まあ、なんて可愛い犬なのかしら！　カワイコちゃんね！　お手してちょうだいな」といった調子だ。さらに女性はお世辞を重ね、犬をなで回した。

一瞬のためらいもなく、友人はその女性の肩を叩き、こう言った。「あなたもカワイコちゃんですね」

その女性は息を飲んだ。冷ややかな空気が流れる。そして彼女はこう答えた。「なんのおつもり？　見ず知らずの私にそんなことおっしゃるなんて！」

「おや、私の犬もあなたにとっては見ず知らずでしょう？」もっともな切り返しである。

一般の人に盲導犬について理解してもらうために、十個の約束ごとをあげてみたので、参考にされたい。

一、盲導犬は視覚障害者にとって犬である以前に視力に代わる存在である。

二、どんな形であれ、盲導犬や視覚障害者の邪魔をしないこと。

三、どんなときであれ盲導犬に話しかけないこと。いかなる状況であれ、盲導犬の名前を呼んだりしないこと。

四、盲導犬に触ったりなでたりしないこと。
五、盲導犬に向かって口笛を吹いたり注意を引いたりして、盲導犬の注意を仕事以外のものに向けないこと。
六、盲導犬に食べ物を与えないこと。
七、盲導犬とすれ違いざまに叫び声を上げたり大きな声を出したりしないこと。突然、盲導犬の目の前に現れて驚かせないこと。
八、盲導犬に道を譲ること。反応を見ようとして道に立ちふさがったりしないこと。
九、飼い主の許可を得てから犬に触ること。
十、視覚障害者は犬や自分自身を守ることができない。そして犬は唸り声をあげることによってしか自分と主人を守ることができない。唸られて気分のいい人はいないだろう。だから、人の気分を害さざるをえないような行動に犬を追いつめないこと。

ユスティスのあげた十個の約束ごとに加え、ガイディング・アイズは健常者に対して次のようなアドバイスをしている。「盲導犬を連れた人を手助けしたいときは、まず『何かお役に立てますか?』と聞いてみてください。お願いします、と言われたら、左腕をさしだして肘に捕まってもらってください。盲導犬の体を引っ張ったり、リードやハーネスを引いたり、視覚障害者の腕をつかんだりしないこと。そういうことをすると、視覚障害者や盲導犬を危険な目に遭わせることになりかねません」

人気ものになった子犬

ペットというのは、容姿端麗であるとか有益な技能をもっているとか、家で飼うのに向いているとかいった理由以外で、特定の品種が流行《はや》るものらしい。

人望あつい カリスマの飼い犬が流行になることもある。フランクリン・ルーズベルトがホワイトハウスで飼っていたファラがそうだ。ファラのおかげでスコティッシュテリアは、一九三〇年代においてポピュラーな品種の十指に数えられた。また知り合いのブルドッグのブリーダーから聞いた話だが、キャプテン・アンド・テニールのファーストアルバム――表紙を飾っていたのは二人が飼い犬のブルドッグといっしょに写っている写真だった――がリリースされたときなど、間もなく「キャプテン・アンド・テニールのペット」と同じ犬を飼いたいという電話が殺到したという。

テレビ番組やコマーシャルに登場した犬が人々の関心を集めることもある。マニア受けしたテレビ番組『バー・バー・ブラック・シープ』が『ブラック・シープ・スコードロン』(向こう見ずな航空隊員とブルテリアの物語)とタイトルを変えて一九七七年にふたたび放映されたときには、全国のブルテリアのブリーダーのもとに子犬の予約注文が押し寄せた。同じように、筋肉質でキュートなマッケンジーがビールの宣伝に登場すると、喧嘩っ早い「白騎士」の人気に火がついた。マッケンジーのファンは、ブルテリアというのは例外なく人間並に機転のきく犬なのだと思い込んだようで、こぞってブルテリアを買い求めたのである。

ポップカルチャーが作り出したキャラクターと同じ品種の犬を飼いたいというあらがいがたい衝動に襲われることもある。もっとも有名なものはラッシーだろう。一九三八年に出版されたエリック・ナイトの短編『名犬ラッシー』に登場した犬だ。この本はのちに子供向けに出版されて世界的なベストセラーとなり、その後は映画が七本作られたほか、ラジオドラマやテレビシリーズにもなった。この架空のコリー（不思議なことに常に雄犬が演じていた）が空前の人気を集めたおかげで、もともと牧羊犬だったコリーは忠実な良きペットというイメージでとらえられるようになった。

もっと最近の例をあげると、一九九六年に公開された映画『一〇一匹ワンちゃん』がある。何千人もの人がこの映画を見てダルメシアンに夢中になり、クリスマスのプレゼントにとダルメシアンの子犬を買い求めたそうだ。

たしかにあの映画のとおり、ダルメシアンは愛らしい犬だ。しかし映画では描かれなかったが、ダルメシアンのなかには癲癇《てんかん》の気《け》を持ち、皮膚炎や腎臓結石にかかりやすいものが多く、十四に一匹は耳が聞こえない。そして多くは神経過敏で、子供を嫌う。すべてのダルメシアンがそういうわけではない。優れた血統を持つ「コーチハウンド」（昔は旅のお供役を務めていたことからとったあだ名）は素晴らしいペットになりうる。一九四九年に出版された『モダン・ドッグ・エンサイクロペディア』によると、郊外に暮らす家族にとってダルメシアンは理想的なペットだという。「きわだって容姿端麗なうえ飼い主の家族に忠実で、はじめて会う人に馴れ馴れしくもなく、かと言って引っ込み思案でもない。だいたいがかなり頭もよく、家のなかでも外でも清潔を好む」という具合だ。

問題は、その品種が急にポピュラーになると、重要の高さに乗じて他ならぬ現金獲得のために子犬を繁殖させる手合いが増えることだ。犬の妊娠期間は品種に関わらずわずか六十三日なので、矢継ぎ早に繁殖させることは比較的簡単だ。だからブリーダーもその気になれば、成熟した雄と雌を適当にかけあわせ、遺伝の要素をまったく考慮せずに子犬を繁殖・販売することはできる。系統交配（祖父と孫にあたる雌、あるいは祖母と孫にあたる雄をかけあわせること）を繰り返したり、劣った形質をもつ雄や雌をかけあわせたりすると、欠点は子孫に引き継がれるのみならず、いっそう強められていくことになる。

ポップカルチャーによって有名になるというのはその品種にとって最悪の事態かもしれない。ジャーマン・シェパードの愛好家は、映画やテレビで人気を呼んだリンチンチンに対し複雑な思いを抱いている。間接的とはいえ、リンチンチンの人気のせいで、もともと優秀な使役犬だったジャーマン・シェパードの質が徐々に劣化していったからだ。ジャーマン・シェパードは、屈強な犬の助手を必要としていたドイツの農民たちによって改良された品種である。第二次世界大戦後は、ドッグショーで上位を獲得し人気を呼んだことから、肉体的な力強さはいよいよ衰えていった。というのも審査員は昔から、背中のラインが後ろ足に向けて極端に下がっている犬に金賞を与える傾向があったからだ。こうした「スリムな」体形をもつ犬を繁殖するために、もともとのジャーマン・シェパードの体形はグロテスクに歪められ、その結果アメリカのジャーマン・シェパードは腰部の形成異常を引き起こしやすくなった。そのためジャーマン・シェパードを繁殖しているアメリカの愛犬家の多くは、自分の種犬が海外から取り寄せたものであることを自慢に思うようだ。海外の犬は、安易な繁殖による品種の劣化を免れているからだ。

ジャーマン・シェパードのような運命をたどらないようにと、ジャック・ラッセル・クラブ・オブ・アメリカはAKCに登録されることを強硬に拒んでいる。ジャック・ラッセル・テリアは万人向きの犬ではないが、登録されればきっと人々は安易にこの品種を買い求め、殖やしていくだろう。小型犬のジャック・ラッセル・テリアはもともと勇敢で獰猛なところのある狩猟犬だったが、人々の注目を集めることもなく、何十年ものあいだAKCからも認可されていなかった。そのため快活な性質や良好な健康状態は一部の責任あるブリーダーの手によって守られてきたのである。ジャック・ラッセル・テリアを愛し、その独特の性質と容姿を損ねたくないと願う人々にとって、ポピュラーになることは悲劇のはじまりなのだ。だからジム・キャリー主演の映画『マスク』に登場したジャック・ラッセル・テリアのマックスの人気に、彼らは苦々しい思いを抱いている。また人気テレビ番組『フレイジャー』で驚くほどよく訓練された犬のエディーを演じたジャック・ラッセル・テリアに対しても同じだ。『エンターテイメント・ウィークリー』誌がエディーを紹介したカバーストーリーには「イカす、セクシー、しかも純血種」という文字が踊っていた。予想通り、フレイジャーの主役の影響で、アメリカにおけるジャック・ラッセル・テリアの数は急増した。

メディアのおかげでにわかに人気者になった品種のうち、ジャック・ラッセル・テリアほど普通のペットに向いていない犬はいないだろう。運よく健康そのもののジャック・ラッセル・テリアを手に入れた人でも、健康なジャック・ラッセル・テリアは『フレイジャー』のエディーのように何時間も居間にじっと座ってテレビを見たりなどしないと知ってがっかりしたことだろう。四六時中吠えたて、地面に穴を掘り、動くものは何であれ追いかけ、耳や尻尾を引っ張ろうとする子供に噛みつく、というのが、このブリードの典型的な行動だ。ジャック・ラッセル・テリアを飼おうと考えている人に対してジャック・ラッセル・テリア・クラブ・オブ・アメリカはこう警告している。「ラッセル・レスキューは捨てられたテリアの世話に追われています。というのも多くの人がラッセル・テリアの命を軽んじているからです！」

ディズニー映画のヒットで多くの人がダルメシアンを買い求めたが、『ニューヨークタイムズ』紙の推計によると、映画が公開されて一年のうちに捨てられてシェルターに保護されたダルメシアンの数は、それまでの二倍にのぼったという。一九九七年の秋には、ダルメシアン・レスキュー・リソーシズ・サイトはインターネット上にメッセージをのせた。捨てられてヒューマン・ソサエティのケージに入れられた斑点のある犬のイラストの上に、こんな文章が綴られている。「この国の至るところ、ダルメシアンがシェルターのなかで死んでいっています」

私たちはつまりこう言いたいのだ。純血種の子犬を飼いたいなら長所と短所をよくよく見極めてからにすべきである。流行っているから、などという理由で飼うべきではない。たまたま自分の好きな品種がポピュラーになってきた場合は、ことのほか注意を払って、責任感のある愛情豊かなブリーダーから買い求めるようにしよう。

アメリカにおける盲導犬運動のはじまり
——ドロシー・ハリソン・ユスティスとモーリス・フランク

一九二七年の秋、モーリス・フランクという名の目の不自由な青年がテネシー州ナッシュビルの道を歩いていた。付き添いの人に手を引かれ、杖を頼りに角を曲がろうとしたときだ。「フランクさん、『ポスト』誌に載ってるこの記事、読んでみてよ！」と売り子のチャーリー少年が声をかけた。「フランクさんみたいに目の見えない人の話だよ」

フランクはチャーリーにニッケル銅貨を一枚渡して雑誌を手にした。のちにフランクはこう回想する。「五セントを払って読んだ記事は、私にとって百万ドル以上の価値があった」

その日の夕方、フランクは母と並んで腰掛け、父が記事を読み上げる声に耳を傾けた。記事のタイトルは「ザ・シーイング・アイ（盲人を導く目）」だった。著者のドロシー・ハリソン・ユスティスはアメリカ人で、目の不自由な退役軍人のために盲導犬を訓練しているドイツの草分け的な盲導犬訓練校に感銘を受け、みずからもジャーマン・シェパードの繁殖をはじめた人物である。当時のアメリカにはこうした盲導犬訓練校は存在しなかった。かなり自立した視覚障害者でさえ白い杖と付添人の親切に頼らねばならなかったのだ。フランクはこの記事に対する自分と父母との反応についてこう語っている。「三人ともしばらく黙っていた。それからいっせいにしゃべりはじめた。誰かが話し終わらないうちに別の誰かがしゃべりだし、火打ち石がぶつかり合うように言葉が乱れ飛ぶ。それまで陰気な空気の垂れこめていた部屋はにわかに灯がついたように明るくなり、希望の光にあふれた。この夜から、私たちの人生は一変したのだった」

この記事と出会ったとき、モーリス・フランクは二十歳だった。失明したのは十六歳のときで、ボクシングの試合でパンチを受けたのが原因だった。運良く就職はできたものの、目が見えないせいで思うように行動できないことに彼は計り知れないいらだちを覚えていた。付添人にいつも頼らねばならないことにもうんざりだった。付添人というのはせいぜいが辛抱のない人で、悪くすると哀れむような態度をとる人さえいるのである。

「記事に書かれていた、めざましい働きを見せる犬の話が本当ならば、視覚障害者だって自由を手に入れることができる、そう思った」とフランクは書いている。「犬と友達になれれば……目の見えない辛さも和らぐだろう。私は道を思うままに歩く自分の姿を想像した。保険の勧誘の仕事も、おしゃべりで気の合わない付添人に同行してもらう煩《わずら》わしさなしに、顧客のもとを訪問できる。大学にもひとりで行ける。デートだって夢ではない。しかもダブルデートではないのだ。……私のような若者はきっとアメリカじゅうにいて、盲目という牢獄から解放されることを夢見ているに違いない。盲導犬は私たちみなを解放してくれるのだ」

記事を父親に読んでもらった翌日、フランクはスイスに住むドロシー・ユスティスに手紙を書いた。「盲導犬の訓練法をどうぞご指導ください。盲導犬をこの国に連れ帰って、視覚障害者がいかに見事に自立できるか、みなに証明して見せたいのです」。フランクの存在を世界中に知らしめようと、ユスティスは彼をスイスに招いた。フランクは、バディーという名の盲導犬を相手に集中的な訓練をこなしたのち、ついにこう宣言した。「私は神の御手《みて》によって自由になった。自由なんだ！」そしてバディーを連れてアメリカに戻り、各地を訪れて盲導犬のなしえる奇跡を人々に見せて歩いた。盲導犬を扱う訓練の模様は、一九五七年に出版された『*First Lady of the Seeing Eye*』に描かれている。一九二九年、フランクの努力により、アメリカ初の盲導犬訓練校ザ・シーイング・アイがニュージャージー州のモーリスタウンに開設された。

モーリス・フランクの功績と彼の創立した学校の素晴らしさが世に知れるにつれ、「シーイング・アイ・ドッグ」という言葉は盲導犬を指す一般名称のようになっていった。現在、盲導犬訓練学校は北アメリカだけでも十二校以上あり、どの学校もユスティスが『サタデー・イブニング・ポスト』において指摘したような基本原則を掲げている。しかし正確に言えば、モーリスタウンにある盲導犬学校を卒業した犬だけがシーイング・アイ・ドッグと呼ばれるべきなのである。

を選ぶためのチャート

犬にも個体差があり、血統によって独特の性質を持っていることをお忘れなく。

理　由	しかしこんな欠点も……
小型で、よき見張り番になる	よく吠える。他の犬を嫌う
走るのが大好き。疲れを知らない	自由に走りまわりたがる
気が利いて穏やか。訓練しやすい	家のなかに泥を持ち込むのが好き
小さくて扱いやすい。飼うのが楽	よそよそしい
体毛が薄い	むき出しの皮膚は手入れが必要。日焼けの可能性も
愛らしく、抱かれるのを好むが甘ったれではない	じっとしていられない性格で、かまってもらいたがる
筋肉質、ビールでおなじみの犬	犬を見ると喧嘩をしかける
獰猛でうちとけない	みかけは愛らしいので、人目を引くかもしれない
短毛で、きれい好き	とてつもなく元気。耳の聞こえないものが多い
機敏なので、怪我をしないよう避ける	よだれを垂らしたりいびきをかく犬も
理　由	**しかしこんな欠点も**
悪人も震えあがる容貌	訓練や厳しい指導が必要
恐持てで活発	大食漢。短命
陽気で楽しませ上手	グルーミングに手がかかり、社交的な生活を求める
小柄ながら快活	存分に可愛がってもらいたがる
自信にあふれ、独立心旺盛	我を通したがる
愛され、甘やかされたがる	十分な空間とエクササイズが必要
ちやほやされるために作り出された犬	毎日グルーミングが必要
心優しく独占欲がない	なかには頑固な犬も
つややかな長毛、優雅な足取り	動くものは何でも追いかける
物思いに沈んだ悲しげな表情をしている	よだれ、いびき、おなら
理　由	**しかしこんな欠点も**
吠える代わりに遠吠えをする	他の犬と喧嘩をする
いかなる気候にも適応できる	あまり社交的でない
多様な血が混じり合っているために強い	おしゃれな人には受けない。親からどんな遺伝子を引き継いでいるか、不明
ラスタヘア、水に強い	家のなかに大量の土を引きずって来る
嗅覚が優れている	大量のよだれ

あなたにふさわしい品種

このチャートはあくまでも目安として利用してください。人間と同じように、

あなたが……	おすすめの品種
小さなアパートに住むカウチポテトなら	チワワ
趣味がジョギングで、いっしょに走ってくれる相棒をお求めなら	ボルゾイ
小さな子供がいて、郊外に住んでいるなら	ゴールデン・レトリバー
病弱、あるいは虚弱なら	パグ
犬にアレルギーがあるなら	チャイニーズ・クレステッド・ドッグ
彼女募集中の男性なら	ウエストハイランド・テリア
彼氏募集中の女性なら	ブルテリア
とげとげしく孤独な人なら	チベッタン・マスチフ
洋服や家具を汚したくないなら	ダルメシアン
不器用で、ペットに怪我をさせそうなら	ボクサー
こんな犬がほしいなら……	**おすすめの品種**
街なかで身を護ってくれる犬	ロットワイラー
田舎の家で飼う番犬	グレートデン
飼い主を楽しませてくれる犬	プードル
場所をとらない犬	ポメラニアン
ほとんどかまってやらずに済む犬	チャウチャウ
愛情をたっぷり注ぎあえる犬	グレイハウンド
溺愛せずにはいられない犬	シーズー
すでに飼っているペットの友達になってくれる犬	ラブラドール・レトリバー
ファッショナブルな犬	アフガン・ハウンド
思いやりがあり、心を癒してくれる犬	ブルマスチフ
こんな犬をお求めなら	**おすすめの品種**
吠えない犬	バゼンジー
一年中屋外で生活できる犬	シベリアン・ハスキー
病気にかかりにくい犬	雑種
会話のネタとなるような犬	ピューリ
行方不明者や紛失物を探してくれる犬	ブラッド・ハウンド

◉ガイディング・アイズ・フォー・ザ・ブラインド

・本部はニューヨーク州ヨークタウンハイツにあり、一九五四年に設立されて以来、四千五百匹以上の犬を盲導犬として世に送り出してきた。
・研修の参加資格年齢は十六歳以上。上限はなし。
・毎年百六十組の視覚障害者と盲導犬のペアが卒業している。研修の参加費は無料。学校の運営費はすべて寄付によってまかなわれている。
・盲導犬を繁殖し、育て、訓練するのにかかる費用は一匹あたり二万五千ドル。
・東海岸一帯に子犬の里親が五百家族以上いて、ガイディング・アイズの子犬たちを育てている。
・ガイディング・アイズのキャンパスにあるケンネルは百五十四の犬を収容することができ、立派な医療設備も備えている。
・卒業式は毎月一回土曜日の一時半からヨークタウンハイツのキャンパスでとりおこなわれており、見学は自由。

◉ケイナイン・コンパニオンズ・フォー・インデペンデンス

犬は視覚障害者を導くこと以外にも、特別な助けを必要とする人の役に立っている。カリフォルニアに本部をおくケイナイン・コンパニオンズ・フォー・インデペンデンスは全国に四つの訓練センターを持ち、そこで子犬を繁殖して、視覚障害以外の障害をもつ人を助けるための訓練を施している。この学校を卒業した犬はほとんどがラブラドール・レトリバーとゴールデン・レトリバーだが、ペンブルク・ウェルシュ・コーギーやシェットランド・シープドッグもおり、仕事に応じて以下のように分類される。

・サービス・ドッグ

日常生活における行動を介助する訓練を受けた犬。腕が不自由な人のためにキャビネットを開けたり電気のスイッチを押したりする。また車椅子の人のために、物を取って来る訓練も受けている。盲導犬が視覚障害者と行動をともにするのと同様に、サービス・ドッグもつねに飼い主のそばにいる。

・ヒアリング・ドッグ

「シグナル・ドッグ」とも呼ばれる。耳が聞こえない人や不自由な人のために、電話の呼び出し音や火災警報器、ドアのチャイム、目覚まし時計が鳴ったことや赤ん坊が泣いていることを知らせる。

・ファシリティ・ドッグ

専門家とともに、発達障害を抱える人の治療にあたる犬。自閉症の患者の治療にとくに効果的であることが分かっている。人間には心を開かない人も、人なつっこく、他人を評価したりしない犬には打ち解ける場合がある。

謝辞

本書を執筆するにあたり、さまざまな犬たちと楽しいひとときを過ごせたことはもちろん、数多くの愛犬家に出会えたことは私たちにとって大きな喜びだった。

まずガイディング・アイズ・フォー・ザ・ブラインドのスタッフのご厚意に感謝したい。彼らは親切にも、繁殖やトレーニング、視覚障害者と犬とのペアの作り方など、仕事の各段階をほぼすべて見学させてくれたのだ。そして本書を執筆するきっかけを与えてくれたビル・バッジャー、生き生きとした言葉でエピソードを語ってくれたスティーブン・クーシスト、大小さまざまな動物に関する知識を披露してくれたザブリキー夫妻、犬のトレーニングを見学させてくれたスー・マッカーヒルとジェシカ・サンチェス、イン・フォー・トレーニングに関して説明してくれたラス・ポストにも感謝の気持ちをささげたい。幼い頃のパーネルの話を聞かせてくれ、そのころの写真を分けてくれたスーザン・フィッシャーオウンズにも感謝している。ジェーン・ラッセンバーガーは繁殖センターを案内し、すばらしい雄犬セイラーといっしょにある会議に招待してくれた。

最後に、一九九七年一月に行われた研修に招待してくださったガイディング・アイズに深くお礼を申し上げる。おかげで私たちは、目の見えない人々がいかにして自立していくのか、その驚くべき道のりを垣間見ることができた。またエザー・アチャ、シンディ・ブレア、ロザリオ・キューラ、アリソン・

ドーラン、ミューリー・ディモン、クレイグ・ヘッジコック、トーマス・マッサ、スペンサー・マクミラン、ボブ・セラノ、リネット・スティーブンス、ヘンリー・タッカー、ジョイス・ホイットニーにも感謝の言葉を述べたい。

犬のトラブルが起きるといつも快く相談に乗ってくれた友人ミミ・アインシュタインにはとくにお世話になった。また愛《いと》しいクレメンタインが悩みの種になるたびに励ましてくれたバニー・キールとジーン・ワグナーにもお礼を言いたい。

最近は、どの編集者も忙しくて原稿を真面目に編集する時間などないといわれるが、スーザン・モルドウに関してはその説はまったく当てはまらず、私たちに負けず劣らず熱心に本書に取り組んでくれた。彼女の助言や編集に関する知識のおかげで私たちはいつも執筆意欲をかきたてられたものだ。またキム・カナーは本書に関してなにかと相談に乗ってくれ、助言を与えてくれた。エージェントであるビンキー・アーバンは、私たちと同様に長年問題児の犬に手を焼いてきたせいか、終始私たちの気持ちを理解し、支えになってくれた。

最後に愛犬クレメンタインに心からの大きな抱擁を贈りたい。本文に紹介したとおり幼い頃は手に負えない駄犬だったが、今では忠実で感情豊かな犬に成長してくれた。私たちは誇りをもって、彼女を愛しい娘と呼びたい。

ジェーン&マイケル・スターン

訳者あとがき

現在、世界には何百種類もの犬種が存在しているという。アメリカン・ケンネル・クラブが認定している犬種だけでも百三十八種にのぼるそうだ。人間が犬を家畜化したのは約一万年前。それ以来、さまざまな目的にあわせて品種改良を繰り返し、これほどたくさんの犬種を作り出してきた人間の技術と熱意にはあらためて驚かされる。犬にしても、これほど長い歴史を通じて人間の一番の相棒でありつづけるとは、それもやはり並大抵のことではない。なぜ犬はつねによき友として人間にかわいがられてきたのだろう。便利だから、役に立つから、美しいからというだけの理由だろうか。私もこれまでに何匹か犬を飼った経験があるのだが、犬の魅力は見た目の美しさや人間の生活に役立つ能力よりむしろ、ひたむきで無邪気な性格にあるような気がする（もちろん犬種によってはそうとも言えないだろうし、それぞれの犬にも個性があって、なかにはひねくれ者もいるだろうが）。そして表情が豊かなところも犬ならではの魅力だ。飼い主を見上げるときのまっすぐな目、散歩に連れて行ってもらえるときの嬉しそうな顔、叱られたときに見せる上目づかいの悲しげな表情――そのときどきの感情が素直に顔に表れて、まるで同じ人間同士のようだ。だから何となく心が通じ合っているような気持ちがして、親近感を抱いてしまうのではないだろうか。

著者のスターン夫妻もそんな犬の魅力にとりつかれた人々だ。これまで五匹の犬を育ててきたベテラン飼い主であるばかりか、前作『*Dog Eat Dog*』ではブリーダーやドッグショーの舞台裏を取材し、犬にまつわるもろもろの知識を有している。つまりただの犬好きではなく、経験と知識を備えた正真正銘の愛犬家なのだ。その夫妻が知人のブリーダーからブルマスチフの子犬を譲り受ける、というところから物語は始まる。子犬の名前はクレメンタイン。ドッグショーで入賞した犬の血を引く、まさに毛並みのいい犬だ。ところがこのクレメンタイン、両親の美点をなにひとつ受け継がなかったばかりか、スターン夫妻をノイローゼ寸前にまで追いつめてしまうのである。クレメンタインが家中を引っかきまわし、ソファーや靴をぼろぼろにし、あちこちに排泄し、夜通し吠え立てるおかげで、スターン夫妻は仕事にも支障をきたし、友人との付き合いもはばかるようになってしまう。あらゆるしつけ法を試し、オビディエンス・クラスに参加し、獣医や犬専門の精神科医にまでかかるのだが、事態は一向によくならない。そんな生活が二年近く続いたのち、ある出来事をきっかけにクレメンタインは「良い子」に変身する。その出来事はなかなか迫力満点だが、家庭内暴力児に立ち向かう親をふと連想したのは私だけだろうか。

クレメンタインと対照をなす形で紹介されているのが、盲導犬パーネルの成長記録だ。パーネルも血筋のよい犬で、盲導犬飼育学校の厳しい訓練をへたのち、社会に貢献する仕事で活躍している。クレメンタインが問題児なら、パーネルは優等生だ。同じ血筋のよい犬でもこうまで違うものかと、部外者の私たちは感心していればすむが、当のスターン夫妻はパーネルを取材してその利発さを知れば知るほど、飼い犬のクレメンタインのことが恨めしかったに違いない。それでもけっしてクレメンタインを憎んだりせず、家族の一員として愛情を注ぎつづけた二人の姿勢には感動さえ覚える。都合よくかわいがるのではなく、どんなに手がかかろうと厄介事を起こされようと変わることなく愛し続ける、それはまさに子に対する親の愛情と同じだ。スターン夫妻自らも言っている。「親が子供を見捨てられないのと同じで、私たちもクレメンタインを見捨てられなかった」と。

本書の後半には、子犬を飼うにあたって役立つ情報が紹介されている。子犬はどこで買い求めればいいか、子犬を去勢させることについて、犬の飼育にかかる費用、などだ。これから犬を飼おうと考えている方にはおおいに参考になるだろうし、すでに飼っている方にとっても新たな発見があるかもしれない。

またパーネルのエピソードで登場した盲導犬飼育学校や視覚障害者については、多くの方が興味深く読み進められたのではないだろうか。盲導犬はどのように選抜され、どんな訓練や試験を受けるのか、視覚障害者は盲導犬を飼うにあたってどのような研修を受けるのか、視覚障害者と盲導犬のペアはどのように決められるのか——日本とは多少事情が違うだろうが、アメリカのそういうシステムについて詳しくわかるし、なにより視覚障害者がペアとなる盲導犬と対面する場面では、その感動がひしひしと伝わってくる。

パーネルもクレメンタインも今ごろは四歳になっているはずだ。二匹とも元気で暮らしているだろうか。パーネルはきっと主人の洋服の色に合わせたバンダナを首に巻いて仕事に励み、オフのときには水遊びを楽しんでいることだろう。クレメンタインは母親になっているかもしれない。いずれにしても、飼い主とともに健康で幸せな毎日を送っていてほしいものだ。

最後になったが、翻訳の機会をくださり、数々の助言と励ましの言葉で支えてくださった中楚克紀氏と森有紀子氏に感謝の気持ちをささげたい。

一九九九年十一月

平野知美

優秀犬パーネルと問題犬クレメンタイン

二〇〇〇年三月二十五日　初版発行

著　者　ジェーン＆マイケル・スターン
訳　者　平野知美
発行者　森　信久
発行所　株式会社　松柏社
〒一〇二-〇〇七二　東京都千代田区飯田橋一-八-一
電話〇三(三二三〇)四八一三(代表)
ファックス〇三(三二三〇)四八五七

編集者　中楚克紀
装丁者　ローテリニエ・スタジオ
カバーイラスト　安藤千種（パラダイス・ガーデン）
組版　前田印刷／印刷・製本　平河工業社

ISBN4-88198-931-6
定価はカバーに表示してあります。